湛庐CHEERS

与最聪明的人共同进化

HERE COMES EVERYBODY

自我的本质

The Self Illusion

[英]布鲁斯·胡德
Bruce Hood 著

钱静 译

浙江人民出版社
ZHEJIANG PEOPLE'S PUBLISHING HOUSE

你以为你以为的你就是真的你吗

昨晚，我读完了霍华德·休斯（Howard Hughes）[①]的传记。休斯是商界大亨、飞行员、电影界大亨、社会名流，同时也是一名因为对灰尘有病态恐惧而足不出户的、隐居的亿万富翁。在他过世的时候，他的身价达到了20亿美元，却穿着破衣烂衫，长发蓬乱，指甲卷曲，胳膊上扎着五个残留的注射器针头。观其一生，是复杂而充满矛盾的。他厌恶社交，却追求过数百个，甚至据说上千个女人，并和她们上了床；他在不切实际的电影项目和小明星身上大笔挥霍，却转脸就为了让一条昂贵的床单便宜几美元而斤斤计较；他曾是一个性急而无畏的飞行员，在飞行生涯的早期一次次将自己置于险境，打破并创造了许多飞行速度

① 霍华德·休斯：《地狱天使》制片人、美国著名企业家、飞行家、导演、制片人。——编者注

和飞行距离的纪录。然而，休斯所患的强迫症却迫使他产生了自己会死于细菌感染的恐惧。他亲近的知己、顾问诺厄·迪特里希（Noah Dietrich）在回忆录中这样写道："世上有很多霍华德·休斯[1]。"

这引起了我的思考。如今还有这样的人吗？近几年，"小甜甜"布兰妮、梅尔·吉布森、薇诺娜·瑞德、"老虎"伍兹等明星都被曝光过与他们树立的公众形象十分矛盾的、异常而古怪的行为：他们似乎都有不想被公之于众的丑闻，或至少有一些他们不想曝光的人性的阴暗面。八卦专栏则依靠揭露那些众人未知的有关名人们的真相而兴盛。但与名人相比，我们这些凡人又有什么不同？大多数人相信自己是能够独立做出决定，而且能够直面自我的个体，而我们真的如此吗？或许我们不会像霍华德·休斯这个典型案例一样，从一个极端走向另一个极端，但我们的自我就是更统一的吗？你就是你认识的自己吗？

可能对于很多人来说，上面的问题毫无逻辑。我们太熟悉自己的经历并习惯和自己和平共处，因此去质疑"我是谁"就意味着我们可能都在承受着心理问题的折磨。这就像是在质疑我们是否真实存在一样。然而，需要解决的问题就摆在这里：我们是不是都在了解自我的过程中犯了错？

每天清晨，我们一醒来就开始经历丰富的感知觉，比如早上明媚的阳光，热咖啡的香气，我们中的一些人还能感受到躺在身边的那个人的体温。睡眠的欲望随着夜晚的结束消退，我们渐渐清醒并成为生活中的自己。清晨朦胧的梦境和被遗忘的东西消散了，各种回忆和认知涌现，我们记忆中的内容进入了意识之中。在很短的一段时间里，我们不确定自己在哪儿，然后那个拥有意识的"我"便觉醒了[2]。通过整理思绪，觉醒的"我"成了那个拥有过去经历的"自己"。关于过往的记忆重新回到了意识里，关于不久的将来的计划也再次形成。我们意识到自己还有任务要继续，这提醒我们今天是个工作日。此时，我们已然成了那个自己认识的自己。

源自本能的召唤告诉我们是时候去盥洗室了，在途中，我们会顺便照照镜子，花费一段时间观察镜子里的自己。我们仍旧是同一个每天站在镜子前的自己，只是随着一天天过去，我们变老了一点儿。从镜子中，我们看到的正是自己。

这种每天发生的关于我们自身的体验是那么令人熟悉，而脑科学研究却指出，这种对自我的感觉是幻象。心理学家苏珊·布莱克莫尔（Susan Blackmore）提出了这样一个论点：

> **“幻象”并不意味着它不存在，它只是不像看起来那样。我们都能真切体验到自我的某种形态，但这些体验只是大脑从自我利益出发而创造的假象。**

但是，对于自我幻象的讨论确实是件难事。我在这本书中，会使用描述一个独立个体或是多个个体的代词，如“我”“你”“我们”这类概念的各种形式。为起到强调作用我会将“你自己”写作“你的自我”，“我们自己”写作“我们的自我”。你可能会认为，“自我是种幻象”这个前提一定是错的，因为这些表述已经承认了自我的存在。问题在于，我们只能使用这些表述人类体验的常见词语，因为没有更简便的方式来讨论自我了[3]。

理解自我可能是一种幻象并非易事。即使这不是最难接受的观念，也可以算是其中之一了。我们自身似乎已经足够令人信服，足够真实，足够证明我们就是我们。但是，我们的体验在很多方面并非是真实的。举个简单的例子，你现在正在阅读我写的这些文字，当你的眼睛扫过书页时，你的视觉似乎是连续而丰富的，但实际上你每次只能看到一点儿内容，只是在文本中抽取一小部分进行阅读，而不是在读其中的每一个字母。你的外围视野模糊而且不能准确辨色，而你却会认为那部分图像和中央视野一样，非常清晰。事实上，人存在两个视觉盲点，是在距离眼睛一臂远的地方像柠檬一样大的区域，它们偏离中央视野，但你可能从未察觉过。所有在你视觉范围内的事物都是完整而没有缝隙的，然而当眼球运动时，其实视觉在非常短暂的一瞬间是黑暗的。你不会对这些不完整有任何感知，这是因为我们的大脑提供了一个具有说服力的假象。同样的骗术发生在人类所有的体验中，既包括我们短暂的感知和深入内心的思索，也包括对自我的思考。

大多数人认为，要搞清楚自我这个概念必须要先理解自我。如果你问路人关于“自我”的问题，他们多半会描述那个居住于他们身体内的个体。他们认为自我不仅是他们的躯体，还是控制躯体的那个物质。当我们看镜子里的自己时，会将身体看作一个我们占有的容器，这种对我们身体内的那个个体的感觉有时候被称作“自我理论”（Ego Theory），哲学家盖伦·斯特劳森（Galen Strawson）诗意地在他称之为自我的“珍珠理论”（Pearl View）中捕捉到了这一点[4]。这种珍珠理论是一个普遍的概念，它认为自我是我们存在的核心中的一个基本实质，在整个生命中保持稳定。这个体验着生活的自我是一个有意识的、会思考的人，拥有独特的、能够区分他（她）的身份的生活背景。这就是“我”站在浴室镜子前时，看到镜子映射出的那个“自己”。

与这一关于自我的观点相对应，还存在另一种可选择的关于自我的版本。这个版本基于苏格兰启蒙哲学家大卫·休谟（David Hume）的“羁束理论”（Bundle Theory）[5]。300年前，在阴暗、潮湿、寒冷且雾气笼罩的悲凉的爱丁堡，休谟正静坐审视着他的内心。他观察着他的自我，并在试图描述内在的自我时想到，自我不是一个个单独的部分，而是感觉、知觉、思想相互堆积捆绑的整体。他总结道：自我是在这些捆绑在一起的体验中浮现出来的。我们无法考究休谟是否受到了东方思想家的影响，然而在公元前 6 世纪，在几千公里外一个更温和的气候下，年轻的释迦牟尼通过在菩提树下冥想，在他称为“无我”的原则中得出了非常相似的结论。释迦牟尼追寻的是精神上而非智力上的顿悟，并认为这种顿悟只能通过冥想达到无我的境界时才能获得。

如今，现代脑科学的成果阐明了自我的本质。就灵魂而言，脑科学或者说神经科学的研究没有发现它的存在，这些研究结果反而更支持与自我理论相对立的羁束理论。

如果自我是我们思维和行为的总和，那么最难以否认的事实就是它们都依赖于大脑。思维和行为也不是大脑的全部，因为我们经常对世间的事物进行思考并做出肢体反应，大脑主要负责协调这些活动。实际上我们就是我们的大脑，或者至少大脑是决定我们是谁最关键的部分。我们可以移植或更换许多身体部件，大多数人不会认为进行过手术的病人不再是他自己。然而，如果大脑可以移植，即使手术后的病人看上去和麻醉之前并无差异，很多人仍会认为他更像大脑的捐献者。

支持“自我基于大脑”这一说法的最有力的证据，来自因中风或意外造成脑损伤的不幸患者。他们的个性发生了彻底的改变，对于认识他们的人来说，他们变成了另外一个人。在另一些案例中，有很多人有意地用药物影响大脑的工作，使之产生暂时性改变。这些研究表明，如果大脑受到损伤，无论起因是意外、疾病或药物，人都会发生变化。如果一个人服用了能导致大脑功能改变的药物，其行为和思想都会改变。所以，“我们”是谁取决于大脑，但我们也不仅是孤立的大脑。我想在此传达的一个信息是，每一个大脑都存在于无数大脑之间，其工作机制都受到其他大脑的影响。

现代脑科学的另一个主要发现是：大脑中没有构成自我的中心。大脑有很多分工，它负责加工从外部世界获取的信息，将它们转换为有意义的形式并加以解释，之后存储信息以供将来使用。它能够产生许多不同层次和种类的动力，包括人类的动机、情绪和感受。它可以引起所有的行为，其中有些是无意识的，有些是需要技能、练习或纯粹努力的。下面我们来谈谈大脑与精神生活。不管怎样，我们头骨里这块重 1.5 千克的组织可以思考广袤的宇宙空间，欣赏凡·高的画作和贝多芬的交响乐。它通过自我的伪装做到这些事情。但是，自我意识中大部分的经历是无法从大脑的某一个区域中找到的。不如说它是从大脑不同加工过程的协作中浮现的，就像是一首自我的交响乐，而这与释迦牟尼和休谟所言是相似的。

一些现代的哲学家[6]认为，这些有关大脑的事实已经充分否定了自我的存在。

> **一个人可以想象，当脑内的每一个细胞都被复制或替换后的所有场景。这时，原初的大脑不复存在，但在这些物理变化之外，自我仍然独立地存在且保留着原本的直觉。**

如果这是事实，那么人们必须接受自我是可以独立于大脑存在的。许多神经科学家拒绝接受这一观点。然而，我们的大脑像建立模型一样制造了属于自我的经验，把每日从各个层面向我们袭来的零散的感知觉信息相互连接，构建成完整且有意义的形象，并在记忆中留下长久的印记。

我们的大脑建构了外部世界的模型。它可以将经历整合成完整的故事，使得我们能够对其编码并预测下一步的行动。为了生存，我们的大脑模拟着世界。这种模拟是非比寻常的，因为大部分加工所需的信息都已经受到破坏。而我们的大脑会以我们身边正在发生的事件为样本，填补缺失的信息并解释干扰信息。由于缺乏可供精确加工的信息、时间或资源，我们只能运用基于经验的猜测能力来建构自己的现实世界模型。不仅是外部世界，这一过程同样作用于内部工作中，大多数情况下，它是在头脑内无意识地进行的。

“我们”是谁是一个关于自我的故事，是一种由大脑创造的建构叙事。在这种模拟中，一些是有意识的，与街头调查中普通人报告的自我幻象相一致。现在我们不知道，一个像大脑这样的生理系统是如何制造出类似于可被意识到的自我这类非生理体验的。事实上，这是一个很难解决的问题[7]，我们可能永远无法找到答案。一些哲学家相信，这个问题一开始就已经误入歧途。丹尼尔·丹尼特（Daniel Dennett）[8]也认为自我是由叙事建构的：“我们的故事是编造的，但在大多数情况下，不是我们编造故事，而是故事编造了我们。”在内核中根本不存在自我，它只是以“叙事重心的中心”的形象显现。同样地，我们可以在图 0-1 的正中看到一个正方形，这就是一种由周围环境造成的幻象。将环境移除时，正方形也不见了。同理，我们的自我也是大脑创造的幻象。

我们有时会感受到由大脑创造的幻象，也许是误听到的评论、物品撞击的声音或是错看了一个仿佛可以抓住的阴影。这些情况，会出现在我们将物理环境错误编码的时候。同样的错误也会发生在我们的个人世界中，即自我占据的领域，如我们会将失败重新编码为成功的经历。我们认为，自己拥有的优点数量高于平均数，而缺点的数量低于平均数。我们有时会做出令自己惊讶的事情，起码令一些自认为了解我们的人惊讶。这就是当我们的所为与建构的自我不一致时发生的情形。我们会说“当时我不受自己控制”，或者“那都是醉话”，但是依然维持着一个信念，即我们是一个存在于身体中的个体，沿着生命的轨迹发展，并掌控着自己的言行。在这本书中，这些假设将被“我们以为的自己，受外界的影响比想象中更大”这一论证挑战。

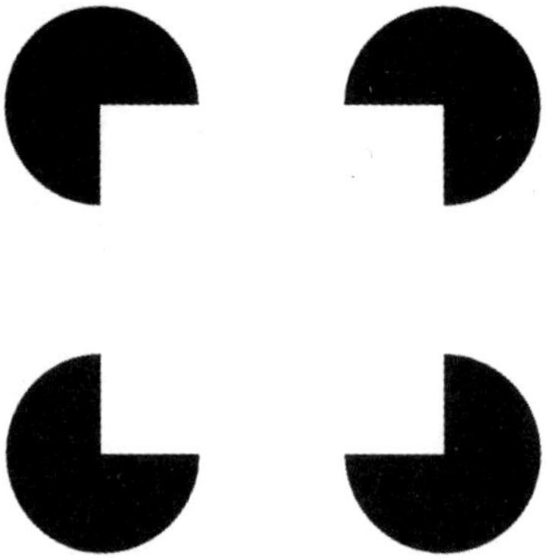

图 0-1 一个不存在的正方形

这些影响，从生命开始时就已经在发生作用了。人类的童年时期所占的比例，是所有动物中最长的。这不仅是因为我们可以在此阶段向他人学习，还因为通过学习可以变得与他人相似。在变成与他人相似以及和他人相处的过程中，我们需要建立有关身份的意识，即让我们认识到我们是人类群体中的一员。

自我的发展在童年阶段会随着大脑建模、经验的叙事建构和他人影响的相互作用中渐渐显现。但这不表示我们出生时是一张白纸，也不表示婴儿就不是一个个体。所有抚育过孩子或遇到过外表完全相似的双胞胎的人都知道，即使生长环境是相同的，孩子的表现从一开始就不一样。我们每个人都有不同的天性，这无疑是基因遗传的功劳。然而，我们拥有一个共同的目标，就是通过社会交往成为人类族群中的一分子，只有当人们建构出自我的观念后，它才会实现。

建构自我的过程不会随着童年的逝去而停止。即使作为成人，我们也在不断地发展和阐释我们的自我幻象。我们一直在学习适应不同的情境。我们有时甚至将自我幻象描述成多面的，就好像我们拥有工作的自我、居家的自我、父母前的自我、政治自我、顽固的自我、情绪化的自我、性的自我、创造型的自我甚至暴力的自我一样，他们像是共享着一个身体的几乎不同的个体。我们似乎可以在不同的自我之间轻松转换，但如果你以为有一个个体在执行转换的任务，那就错了。因为，这是自我幻象的一部分，根本就不存在一个自我或者是多个自我；相反，是外部世界将我们从一种性格转换到了另一种。这一认为我们是情境的反映的观点，有时会被称作镜中自我（looking-glass self）[9]，即我们是作为周遭事物的映射存在的。

在婴儿时期，我们还只是以自我中心展开活动的集合体，但是进化让我们的自我的注意力逐渐转向他人。我们童年时期最大的挑战，就是让自我从呵护我们的家庭中转移到充满竞争的青少年世界，我们在青少年时期学会了解释、预测、做出预判和在操场上交涉。在童年晚期和青春期，我们将自己是谁的故事编造得越来越精致，并最终蜕变为一个从塑造我们的人中分化出来的角色。对于很多成年人来说，青春期是我们“发现”真正自我的转折点。我们通过团体、拥有物、品味、政治和偏好来创造自我，即一个不同于他人的个体。至少，这是西方人自我转变的故事，而其他文化也为塑造不同类型的自我提供了框架。即使是社会上拒绝循规蹈矩的隐士和浪子，他们也是如此。

但是，无论我们的自我是远离大众还是迎合并成为大众的一部分，都是别人在决定着我们是谁。

如果自我绝大程度上是由身边的人塑造的，这对我们现实生活的意义是什么呢？有一点是，这会改变我们的基本观点。我们来看一个发生在现代社会的关于自我的故事。在莉兹·默里（Liz Murray）15 岁时，她的妈妈死于艾滋病，她的爸爸也因感染了 HIV 病毒而被看护了起来。莉兹发现她已经无家可归，便开始寻找她的妹妹。虽然面临这些挫折，她还是在学校取得了优异的成绩并获得了前往哈佛大学学习的奖学金，并于2009年从哈佛毕业。莉兹“从无家可归到哈佛学成”的故事，是一个个人意志战胜逆境的鼓舞人心的故事。这是一个美国梦的缩影，是一个许多人都喜欢的故事。但是，请仔细思考这里面的关键信息是什么？只要我们足够努力就能达成梦想吗？显然，这不是现实。从无家可归到哈佛大学的人生经历，在更大程度上是一个显示生活中的不平等的故事。莉兹·默里是值得被铭记的，但是这也说明她是一个例外，因为大多数人都无法跨越阻挡成功的障碍。很多人会认为莉兹是一个“人生赢家”，但反过来，我们都很容易将走下坡路的人看作“失败者”。生命的竞赛从何时开始变得如此不公平，使得我们选择谴责个体却无视阻碍他们成功的环境？这是人类推理过程中的一个基本的归因错误[10]。我们都习惯于将别人搞砸事情归因为愚笨或失误，自己搞砸则归因为环境造成的。自我幻象使得这些基本的归因错误变成了容易理解的谬误。将所有错误归结于某一个个体和社会中不平等政策的实施，其性质其实是相同的。或许是时候来纠正这些不平等了。人们应该重新认识到成功或失败的根源，其实不完全取决于个人，它们更多地受到了社会的影响。

知道了自我只是一个幻象后，也依然无法阻止你认为自我是存在的。即使你能够像释迦牟尼和休谟那样成功顿悟，最好也不要轻易尝试他们所做的。但是，知识就是力量。了解自我幻象可以帮助你调解生活中你经历过的在思想和言行上的不一致。我们能很容易注意到他人被操控，却很少能注意到自己同时也在被其他人影响。这是一件很值得了解并需要小心提防的事情。

THE SELF ILLUSION

目录

前　言 / 你以为你以为的你就是真的你吗

第 1 章
奇妙的器官：我是大脑创造出的我 - 001

《黑客帝国》的世界和我们的脑 - 003
神经细胞之间的沟通方式 - 004
头脑中的小矮人存在吗 - 010
哪些事情大脑天生就会做 - 016
大人和孩子的脑有什么不同 - 017
科技互动与人际互动，谁赢了 - 020
大脑天生爱八卦 - 025
婴儿与蝙蝠 - 028

第 2 章
狡猾的婴儿：我是社会摇篮中的我 - 031

成人和猴子的面孔，婴儿都能辨认 - 034
会传染的笑容 - 036
大笑的老鼠 - 039
为什么小孩子爱黏着母亲 - 043
丛林中的婴儿 - 048
因为爱而必须要做的事 - 050
孤独伤“心”也伤“身”- 052
婴儿天生都是模仿专家 - 055
猴子跟着猴子做 - 057

第 3 章
镜中的自我：我是周围人定义的我 - 065

镜子错认：当你认不出镜子里的自己时 - 067
回忆是改造的故事 - 070
记忆就像肥料堆 - 075
为什么大多数人没有两岁之前的记忆 - 076
心理理论：你知道我在想什么吗 - 078
心盲与孤独症 - 082
青春期的烦“脑”- 086
男孩蓝色，女孩粉色 - 088
超级男性的攻击行为传说 - 091

我有一个杀手家族 - 094
不要让孩子在恐惧中成长 - 095
苹果、硬币和棉花糖 - 097
当身体每一个细胞被替换 - 101

第 4 章
自由的代价：我是具有多种潜在可能的我 - 105

是我的大脑让我那么做的 - 107
自由意志的麻烦 - 110
迷人的夸克 - 112
当行动在我们意识到前出现 - 115
拥有两个内心的人 - 118
伟大的魔术师 - 120
从现在开始，你会觉得很困 - 123
“转发锦鲤”背后的心理机制 - 125
一个不停打扫的妇人 - 127
强迫症患者的大脑 - 128
为什么看恐怖片时应该喝可乐 - 130
膀胱的控制力 - 133
糖果店里的孩子 - 135

第 5 章
失控的决策：我是受到无意识影响的我 - 139

吃不到葡萄说葡萄酸 - 143
蒙提·霍尔问题：如何砸中金蛋 - 145
为什么我们难以预估真实概率 - 148
分析停滞：选择太多的烦恼 - 150
大脑中的相对论 - 153
经验自我与记忆自我 - 156
物品是如何影响我们的 - 157
禀赋效应：自己的东西更值钱 - 161
延伸自我：外物和他人建构的我 - 163

第 6 章
人形变色龙：我是性格多变的我 - 165

引诱自杀：去个性化的真相 - 168
过顶传球游戏 - 170
你想要加入我们吗 - 173
蓝色眼睛与棕色眼睛 - 175
我们为什么会从众 - 177
路西法效应：好人为什么会作恶 - 179
穿白大褂的人 - 182
平庸的邪恶 - 185
变色龙效应：无意识模仿的秘密 - 187

同步，生活的旋律 - 189
请往这边走 - 191
东西方的碰撞 - 193
我们看世界的方式可以改变吗 - 197
如何应对不断改变的我 - 199

第 7 章
身边的故事：我是记忆中的我 - 201

如果存在生命复制机 - 206
左右大脑分离是一种怎样的体验 - 211
巴纳姆效应：这就是在说你 - 213
探索大五人格 - 215
听妈妈讲那过去的事情 - 218
神游症与多重人格 - 219
大人物是怎样堕落的 - 223

第 8 章
被困在网中：我是未知世界里的我 - 227

科技王国里的新进化论 - 231
谁没有在网上搜索过自己 - 234
我们为什么对社交媒体上瘾 - 238
像博格人一样交流 - 242

挖掘数据之山 - 246
物以类聚效应：互联网中的极化现象 - 247
群体性孤独 - 251
我们都爱《第二人生》- 256
线上行为也会走偏 - 259

结 语 / **摆脱幻象，成为独一无二的自己** - 265

致谢 - 273
译者后记 - 275
注释和参考文献 - 279

The Self Illusion

第 1 章

奇妙的器官：

我是大脑创造出的我

如果你有机会将一个人的大脑捧在手上，那必定是一件奇妙无比的事。之所以奇妙，理由有很多。对于我来说，是因为我意识到自己捧着的东西在不久前还是一个人。我们的大脑凭借其产生的思想决定着我们到底是谁。

作为一个科学家，即使大脑看着不那么美观，它也一直深深地吸引着我。当我第一次到布里斯托大学时，曾经给同事们组织过一次人脑解剖课。虽然我们都知道大脑在创造思想的过程中扮演着决定性的角色，但几乎没有人有机会检测这个极其奇妙的器官。我们之中有些人测量过大脑进行思维工作时的脑电，有人研究过因脑损伤而丧失部分心理功能的病人，却很少有人有机会真正碰触一个人类的大脑。

因此，在12月的圣诞假期前，医学生们结束了他们的解剖课之后，我们一行二十人左右的心理学系教员前往医学院，进行了一次人脑解剖的速成课。在解剖室的入口处，我们像一群新生一样，在穿白大褂时紧张得咯咯直笑。穿上白大褂，这才是真正的科学嘛！然而，当我们进入巨大而冰冷的解剖室，直面赤裸裸地摆放在桌子上的拆解后的人体时，这种轻松的情绪骤然消失了。这不是假装在给外星人验尸，这是真实存在过的人类的躯体。实验室外那紧张的欢笑一下子被淹没了。我们这群人的脸色变得灰白，就像葬礼上常看到的，人们面对死者时试图表现出的那种庄严和镇定。

我们分为几组，大家尝试着来到了实验台旁，每个实验台旁边都配有一个白色塑料桶。我们戴上橡胶手套，打开桶盖，在经历过福尔马林溶液对眼睛和鼻子的刺激后，我们看到了放在每个桶里的大脑。

第一眼看到大脑时，它的模样平淡无奇。经过为解剖做准备的化学处理之后，它看起来就像一个剥开的大号胡桃仁，拥有结实的蘑菇一样的弹性和黏稠度。像胡桃仁一样，它也很明显地分为两半，除此之外，它的结构非常模糊。而我们知道，这一小块组织指挥着我们拥有的、宇宙间最令人称奇的经历，即人类的思想和行为。那么它们是如何从这个神奇的器官中产生的呢？

《黑客帝国》的世界和我们的脑

经典科幻电影《黑客帝国》（*The Matrix*）中有一位英雄主人公，由基努·里维斯（Keanu Reeves）饰演的主人公是一名叫“尼奥”（Neo）的电脑黑客，他发现他所在的世界并非是真实存在的。他以为自己生活在 1999 年的美国，而实际上，他是生活在几百年后的“后末世”（post-apocalyptic）时代。这时，人类正在与智能机器作战，许多人类都沦为了机器的奴隶。正如尼奥一样，他们的日常生活其实是由一个叫作矩阵（Matrix）的电脑程序控制的。这个程序被直接植入了他们的大脑，通过收集人脑的生物电能来维持智能机器的运转。被植入程序的人类生活在一个完全虚拟的电脑幻境中，因为这个虚拟的世界太过“真实”，这些人都沉浸在幸福的幻境中，对自己的真实命运无知无觉。

这个情节可能听上去虚幻到令人难以置信，但如果我们对人类内在的本质多加了解，就会发现电影的内容不是一点儿道理都没有。我们当然不是机器的奴隶，可我们又如何得知到底什么是真相呢？学习心理学的人都应该看看这部影片，其中虽然不乏娱乐性的假想，但有一种思想非常明确：每个人的大脑里都有一个矩阵。因为我们无法与现实直接接触，我们的大脑就通过建构模型或故事，使我们的经历变得有意义。这不意味着世界并非真实存在。现实是真实的，只是我们的大脑只加工外部世界中有用的信息，我们只能感觉到那些能够被神经系统捕捉到的内容。

我们通过神经系统对外部世界进行加工，从而在大脑中建立起关于现实的模型。就像《黑客帝国》中的情节一样，许多事物不能光看表面。视错觉会给意识传达错误的信息，使我们产生对外部世界的认知错觉，这是我们所知的，但最强大的错觉其实就存在于我们的头脑里，即我们认为存在一个完整而统一的自我。我们的自我认为，我们占据着身体。在智力层面，我们都认为我们需要大脑，却鲜有人想过这些决定我们是谁的、一切的本初，不过是一块身体组织。大多数人认为，仅仅大脑这一个器官是不能代表自己的，但事实上，我们就是我们的大脑，也就是我即我脑。大脑的存在很大程度上依赖于它所加工的世界，环境在塑造自我的过程中起了决定性作用。

神经细胞之间的沟通方式

一些人对于我即我脑这个观点感到非常沮丧，他们认为这种观点的描述似乎太过物质化了，觉得它贬低了生活经历在自我形成中的作用。有些人指出，大脑需要身体的协同作用，所以二者是不可分割的；还有人认为大脑的存在依赖于身体，身体的存在又依赖于周遭环境，那么将生活体验简单归纳为大脑的活动便是缺乏逻辑的。所有这些观点都有道理，但最终我们需要探究这些系统是如何共同工作的。在这其中，大脑显然是起点，因为它是自我认知的基础。我们可以改变环境、替换掉大部分的身体结构，而依然能形成自我认知，但如果替换掉大脑就不行了。也就是说，想要理解自我感觉的产生，最终都需要考虑身体与环境对自我的塑造作用。

再回到解剖室里，大脑吸引了我们的全部注意力。这是身体中最不平凡的一部分，当然，其意义绝不仅仅是一个身体组织。每一个大脑都以某种方式产生出痛苦、狂喜、困惑、悲伤、好奇、失望以及其他心理状态，正是这些状态让我们成为人类。每一个大脑都存储着记忆，具有创造力，也许还有少许疯狂。接球、得分、与陌生人调情，或者决定入侵波兰，这些都是大脑的作为……那天下午在解剖室中，我们手中的每一个大脑都曾经历过拥有类似思想、感觉和行为的生命周期。它们的主人曾为人所深爱，曾谈吐幽默、风度翩翩，曾体验过性爱的激情，并在生命的终章直视死亡，最后决定将遗体捐献给医学机构。第一次将别人的大脑捧在手上的那一刻，是我最靠近心灵体验的时刻，它让我感受到生命的伟大与短暂。

在度过情感上的震撼期之后，你会被这个极其奇妙的器官深深吸引，特别是当你对人类大脑这个神奇的结构心生赞叹的时候。虽然无法用肉眼观察到，但我们的大脑中有大约 1 700 亿个细胞[1]。这些细胞可分为很多种类，而对本书而言，神经细胞（又称神经元）才是执行信息加工任务的神经通路的基本组成单位。作为微环路的构成元素，神经元的数量在 860 亿至 1 000 亿个之间，主要分为三类：感觉神经元负责对神经系统输入的外部信息做出回应；运动神经元控制人类的运动行为；而占大多数的是中间神经元，这类细胞负责将大脑的输入和输出连接起来，组成一张上演着聪明现象的内部网络。内部网络负责存储信息，并进行着我们认为是高级思维过程的操作。神经元们自己没有那么智能，当它们不被激活的时候，除了静止外，只是像盖格计数器捕获背景辐射一样，偶尔发放一下电冲动。但当它们接收到其他神经元活动的震荡时，就会像一把机关枪一样立刻被激活，从而向其他神经元发出传递信息的神经冲动。那么，相对静止和迅速激活这两种状态，是如何产生极具力量和复杂性的人类心理的？

答案就是，当你拥有足够数量的神经元连接时，这些连接的集合就会产生惊人的复杂性。这与一个蚁群中众多的工蚁或一个土堆中数量庞大的白蚁的组织原理一样，只要有基本元素间的相互连通，就能产生复杂的结果。在美国贝尔实验室（Bell Laboratory）工作的数学家克劳德·香农（Claude Shannon）[2]，在 1948 年研究关于通过电话传输大量数据的问题时发现了这一理论。他提出，无论多么复杂的事物，都可以被分解为分布在一个网络中的一系列开关状态。香农的“信息论”（Information Theory）并非是被束之高阁的概念性理论，而是广为人知且被运用到现实中的，它引导了通信工业的革命并开启了计算机时代。他指出，只要将大量的处于开启或关闭状态的简单开关连接起来，就可以产生一个二进制代码[3]，也就是控制着一切电子系统，包括从 iPod 到国际空间站的通信平台。二进制代码是现代所有计算机语言的基础，也是所有具备神经系统的生物有机体的运行法则。

神经元之间通过神经纤维发放电化学信号得以实现相互联系。一个典型的神经元拥有与相邻神经元连接的神经纤维，同时也拥有与更遥远的神经元簇进行连接的、被称为轴突的远距离神经纤维。这就像你不但能拥有一群家住得很近且常常联络的朋友，也可以同时和住在国外的一群朋友保持着联络。在大脑的外表面，神经元组成了一层 3~4 毫米厚的高密度表层，即大脑皮层。大脑皮层非常神奇，因为大部分决定着人类行为的高级功能都依赖于这层薄薄的组织，所以它同时也让人类大脑具备了如同有裂缝的大号胡桃仁一样的独特外观[4]。由于褶皱的存在，人脑的体积是老鼠大脑体积的 3 000 倍，大脑皮层却只比老鼠的厚 3 倍[5]。你可以试着想象将一个大号的清洁海绵塞进一个比它小的瓶子里，这时你必须要使劲挤压它才能将其塞进去。人脑也是这个道理。由于人脑没有为了安置与之表面积相同的皮层而进化成沙滩球那么大，为了在我们的头骨内塞入尽量多的脑组织，褶皱结构就是自然产生的解决方法了。你去随便问哪一位正在分娩的母亲，她都会礼貌地告诉你：孩子的头不要再大了，生一个头正常大小的孩子就已经够痛苦了！

就像有些奇怪的外星生物会长出触角一样，每一个神经元可以同时和其他几千个神经元连接，它是否激活是由到达的信息集的活动决定的。当活动的总量达到引爆点，神经元就会被激活，向与它连接的神经元发放一种引起连锁反应的微弱电化学信号。事实上，每一个神经元都如同一个微型处理器一样，计算着所有与之相连的神经元的集体活动。这好比在一群人之间传话，有的神经元像帮你传话的朋友一样友善，它们被激活了；而另一些神经元则处于抑制状态，它们试图让你保持静默。每一次神经元在与不同的邻居或远距离的同类对话时，它都会记下谁传了话，谁又保持了沉默。这样当再次传话的时候，神经元就会回应得更加确定。这是因为神经元之间的连接在重复的共同激活之后得到了强化。用发现这一机制的神经生理学家唐纳德·赫布（Donald Hebb）的话来说，就是一起激发的神经元连在一起。

这类使用电信号的传导模式就是精神世界的语言，它们形成了我们的思想。无论它们是被外在世界所引发，还是来自深层精神世界的表象，所有的思想都是我们大脑的矩阵，也就是内心的激活模式。当我们接收到对感官产生刺激的外界信息，比如听到音乐时，刺激就会以神经冲动的形式传到大脑的相关加工区域，接着产生一种覆盖整个大脑的电信号激活模式。相反，每当我们产生一个内在想法，比如回忆起音乐的旋律时，涉及相关脑区的类似的神经活动模式同样会被激活，并对关于这一体验的记忆和思维过程进行重塑。

这是因为大脑的处理过程是采用分布模式的。

> **你大脑内的神经传导模式好比一种多米诺装置，一旦推动一块骨牌就会引发连锁反应，唯一不同的是我们大脑中的骨牌会重新弹回原位，等待着下一次被推倒。其中，有些骨牌很容易推动，而有些在被激活并建立传导模式前，需要由不同的发力点反复推动才可以。**

现在请你想象大脑内的神经模式是数万亿不同的多米诺装置，而非一组，它们之间有重叠的部分，并且共享着一些相同的兴奋神经元或抑制神经元。因为某些相互交叉连接的神经元影响着神经活动所经过的通路，所以不是所有的骨牌都会被推倒。事实上，每一个神经元都可以参与不止一种神经活动，这意味着大脑采用的是并行结构。这是大脑功能如此强大的一个重要原因。同样的神经元可以同时处理多项任务，就像三维的井字棋游戏一样，如图 1-1，其中 O 和 X 就像是兴奋或抑制条件下的神经元，它们可以连通或阻断一条线，我们将用这个例子来比喻一系列神经元的激活。

井字棋游戏中的线可以沿不同方向延伸。若在最底层的下方区域画一个 X，那么它可能会同时激活中层和上层的图形并连成一条线，所以如果只想着某一层的排布，那你很可能会输掉游戏。你如果想要赢，就一定要同时想着不同层之间的并行激活。与此类似，神经元在其他的连通工作网络中也采用并行的激活模式。因为神经元之间神经冲动的传递速度对于我们所知的大脑的多重加工功能来说太慢了，幸好它采用的是并行的激活模式。大脑之所以能快速高效地完成任务，最好的解释就是它的神经传导采用了并行的模式[6]。我们的大脑能够用同一个硬盘处理多项任务。

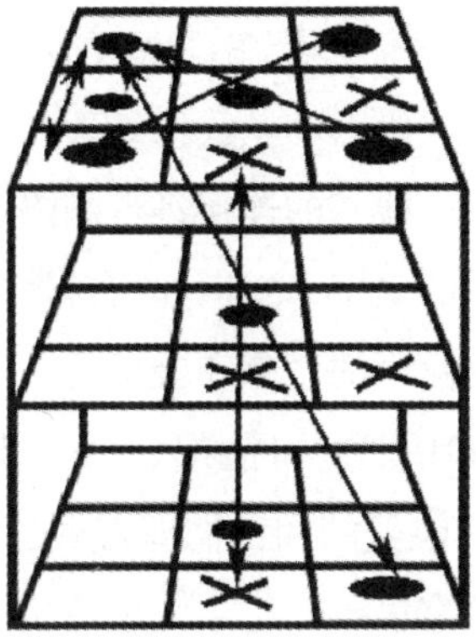

图 1-1　三维井字棋形式的并行加工

在这样的排列中，人一生中的各种体验就像是多根手指推倒很多不同的骨牌，进而创造出不同的激活模式。通过这种方式，我们生活中发生的所有事件以分散的并行模式被存储到神经回路这个复杂的结构中。由于几百亿个神经元都可以与周围的神经元发生高达一万种可能的连接，于是这一排列可以创造出近乎无限种不同的连接模式。大脑的运算能力令人难以置信。举个例子，假设你只有 500 个相互连接的神经元，每个神经元都可以处于开或关的状态，那么不同连接模式的总量就是 2^{500} 个，这个数字已经超过了在可观察领域发现的所有原子数量的总和[7]。这时你就可以明白，为什么拥有几百亿个神经元的大脑被认为是人类已知的，或确切地说是未知的、最复杂的系统。

这就是大脑进行工作的基本方式。就像基努·里维斯饰演的尼奥一样，你和现实世界也没有直接联系。所有的体验，都是经过不同的神经活动加工后形成的精神生活。你也生活在自己的矩阵中。加拿大著名的神经外科医生怀尔德·彭菲尔德（Wilder Penfield）报告说，他在手术时刺激了有意识患者的大脑皮层，这会引发他们产生像做梦一样的闪回，这是对我们的观点的最有力证明。他写道："这些闪回是对意识的电激活的顺序记录，而这些记录在它们的早期体验中是被遗忘了的[8]。"他甚至在自己姐姐的大脑皮层上进行直接刺激，发现这会引发运动、感觉和思维活动。我们处理的信息、存储的记忆和即将施行的计划，都是通过这些不同模式的连接进行编码的。我们有爱、恨，记得法国首都和上一届世界杯冠军的名字，知道如何搭帐篷、如何做十的除法，知道自己下一部小说的情节、巧克力的口感和橙子的香气……所有这些你有过的或是即将拥有的感觉、知识和体验，可能都是由于神经元的一连串激活而产生的。我们现在经历的、我们能做的和我们即将做的事情，都超不出这个范畴。不然的话，我们的大脑一定有鬼，但迄今为止还从没有人发现过。

头脑中的小矮人存在吗

人类的大脑当然比一团混乱重叠的回路要更有秩序。人们已经绘制了很多与大脑不同任务和功能的区域相对应的图谱。当信息通过感官到达大脑时，不同的脑区会对其进行加工。有的脑区负责计划、发起和控制运动，有的负责存储个人记忆，有的负责运算，也有的负责产生情绪、攻击行为、愉悦感和唤醒，大脑就像一台机器，负责每天早上推动我们从床上爬起来，并驱动我们在世界中行动。

如果你想要理解大脑是如何结构化地从功能方面进行组织的，可以将它想象成一棵洋葱。洋葱的核心是脑干，调节维持我们生存的基本身体功能，比如呼吸和血液循环。脑干的上部是中脑区域，它控制着如清醒程度和食欲一类的活动的水平。同时，中脑也负责基础的运动控制和感觉加工。在中脑之外是边缘系统，它是控制着类似攻击和性行为这类的情绪和冲动的网络系统。这个结构曾经被称为“爬行动物脑”（reptilian brain），因为它控制的功能是人类与蜥蜴和蛇共有的[9]。当你看到敌人或者是潜在的配偶时，边缘系统的功能就会被激活，就像膝跳反射一样。在我们人类这个物种的历史深处，我们也曾以这种自动化的方式来行动，但我们最终进化出了能够使我们控制这些爬行动物冲动的更高级的大脑结构。大脑皮层居于所有结构的最外层，是大脑外部神经元组成的一层很薄的表皮，它支持着对世界进行解释、形成概念以及计划行为等高级的认知加工过程。

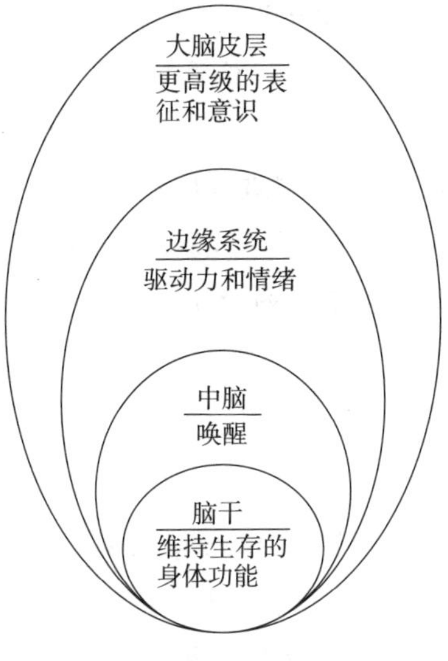

图 1-2　大脑系统层级结构及功能示意图

近年来最惊人的发现之一是大脑皮层不是神经元最密集的地方。神经元最多的地方是位于大脑背侧底部的一个特别的区域，即人们所知的小脑，它负责控制运动[10]。在剩下的大脑皮层区域，人们发现，仅仅约 1/5 的神经元与高级思维相关。这很奇怪，因为按理来说，人们在进行复杂的心理过程时使用越多的处理器会越有利。

然而，相对于神经元的数量，连接数对处理能力的影响更为重要。这好比你在生活中的表现并不取决于你拥有多少，关键是你如何利用它们以及你认识什么人。

即使大脑皮层中的神经元比预期中的少，但它们拥有数量庞大且更坚固、更长的纤维，使各不相同且分布广泛的神经元相连。连接是人类大脑皮层之所以强大的关键。在将不同区域的信息整合的过程中，大脑会产生出丰富、多维的经验。通过这种方式产生的丰富性衍生出了意识自我。没有皮层的活动，你将失去意识，这意味着你将丢失自我。

这个多层级模型不仅展现了大脑的主要组织结构，同样也代表了大脑的进化和发展过程。在从幼年发展至成年的过程中，大脑的低级系统相较于高级系统更加完善、可控。婴儿们都是从控制低级中心开始发展的。随着时间和经验的累积，这些低级中心与发挥影响和控制的高级中心联系得更加紧密，大脑的运作进入更加协调的状态。

在整个童年时期，你都可以观察到这一协调过程的形成。实际上，包括我在内的许多科学家认为，早期发展中的许多变化不仅分布在大脑的高级中心的形成过程中，也存在于系统间的整合及对低级功能的控制中。例如，从我们出生开始，像眼动这样简单的功能就开始受到脑皮层下的低级大脑系统控制[11]。问题在于，这些低级系统是几乎没有交流能力的。那些控制眼动的系统只是简单地控制你对外界或明或暗的事物的注视。所以，对于非常小的婴儿来说，明亮的东西很容易吸引他 / 她的注意，但要将目光移开就不那么容易控制了。比如两个月以下的婴儿，当他们被一个引人注意的东西吸引时会发生“注意黏滞”（sticky fixation）[12]。问题是如果最吸引人的事物总是抓住你的视线，那么视野里的其他东西就会被忽视。实际上，我曾经做过一个有关儿童视觉问题的课题，遇到很多年轻妈妈觉得自己健康的宝宝存在视力问题，因为他们很少移动眼球。孩子们的眼睛会一动不动地盯着窗外，似乎非常着迷。这让这些妈妈们感到困惑，为什么她们的孩子不和她们进行眼神交流。

这些婴儿的行为和到目前为止发现的许多新生儿的能力局限相似，这显示了他们大脑的不成熟。在刚出生的几星期里，婴儿们的大脑控制能力都比较弱。经过一段时间的发育，大脑皮层机制会通过一种被称为抑制（inhibition）的过程对低级中心进行控制，抑制功能就像禁止系统一样，能够让一些动作停止。抑制功能对低级中心的控制使得大脑变得更加灵活。在注意黏滞的问题中，这样的皮层机制让婴儿们可以从非常吸引人的目标，比如从窗外透入的明亮光线上移开，并让他们关注到外界不那么明显的事物。

自我实验室

事实是，大多数的人体功能都需要某些程度的抑制控制。接下来是一个恶作剧性质的实验，实验对象是已经能够伸手去拿玩具的 8 个月大的婴儿。首先，在婴儿面前放一个很吸引人、颜色很亮丽的玩具，他们会很想得到它。但是，玩具会被放在一个很大的透明塑料容器里。一开始，他们会为了得到玩具用小手不停拍打容器表面。虽然他们的手只能拍打到容器，但是他们很难停下这种尝试获得玩具的过程[13]。玩具的样子实在是太诱人了，所以孩子们无法抑制自己的行为。实际上，对强迫性思想和行为的抑制，是在发展出自我的过程中一项非常重要的转变。当这些控制系统失效时，自我的完整性就会受到破坏。

我们的大脑就像一个拥有复杂嵌套的机器，各部分都为争取控制权而相互竞争。如果把大脑比作一个由审查产品的高级管理部门控制的复杂工厂，那么自我就是管理部门的经理。你或许能通过对自己内心状态的关注，即自省来找到自己的高级管理部门经理。

跟我一起做

尝试着找一个安静的角落，闭上双眼，将你的精力集中到自我上。你可以尝试着在身体中定位自我，并用双手的食指在你的头上指出当下你感受到的自我存在的位置。当两根手指都指向了你在这一时刻头脑内产生体验的地方后，让一根手指保持在原位，另一根手指从前额指向同一位置，这样你就能精确地对你意识的位置进行三角定位。现在，将这两根手指的延长线的交点用 X 表示。

通过前一步，你便在自己的大脑内定位了“你”所在的位置，也就是你的“零点”（point zero）。图 1-3 是一个根据人们认为其零点所处位置的研究绘制出的定位图[14]。它显示出当我们关注自己的内在状态时，大部分人会认为我们存在于大脑中眼睛后面的位置。我们认为，在这个位置上可以听到持续的思维评论，体验外界带来的感觉，并且这个位置某种程度上控制着我们身体的行为和运动幅度。

在这种安静的状态下，让我们对自我进行更深层的体验。当你很专注时，会感受到你自己内部的运作。在你阅读我写的这一句话的时候，你能感受到你的舌头正在口中微微上下浮动吗？现在，你的注意就被拉到了这一点上。你能感受到椅子在对你的后背产生压力吗？我们可以和自己的身体产生联系，所以说我们不仅仅是一具躯体，我们像那些训练有素的操作员一样能控制自己的肢体。

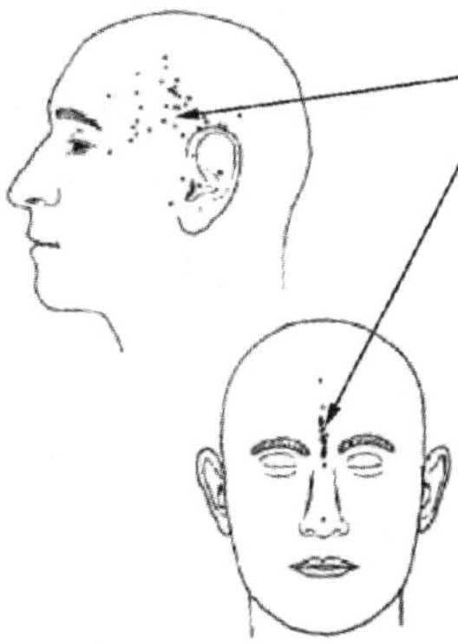

图 1-3　在个体报告“自我”位置中典型位置的示意图

摘自费拉里（Ferrari）等人在 2008 年的研究，已获得版权许可。

这种内在自我，有时会被称为“小矮人”，这个小家伙是个十足的捣乱鬼。由于你仍然对自我的定位不甚了解，所以小矮人成了一个问题。实际上，“小矮人说”揭示了自我的真实性成为问题的原因。你的头脑里不可能存在独立的个体的原因很简单，因为如果事实如此，这个小矮人同样需要一个内在自我。你将需要在大脑中的“你”之内容纳一个“迷你我”（mini-me）。但是如果你大脑中的“迷你我”是一个小矮人，那么迷你我中又会包含什么，再深入一级呢？这么追究下去是没有尽头的，就像是一个无穷无尽的俄罗斯套娃，永远一个套一个，小矮人只是重申了自我在头脑中存在位置这一原始问题。著名的法国哲学家勒内·笛卡尔（René Descartes）认为，每个人都拥有一个占据我们身体的内在。哲学家丹尼尔·丹尼特以其名字命名，将幻象称为笛卡尔剧场（Cartesian Theatre）。丹尼特描述到，心智体验就像是坐在头脑内的观众席中的观众，如观看舞台剧一样观看着经验世界。但是，谁是笛卡尔剧场的观众，也就是说谁是我们头脑中的那个人呢？简单地假设出一个内在的自我，对解决我们在头脑中所处位置的问题毫无帮助。

我们是不是真的像一个由许多自动化工人组成的工厂，其中的工人们处理着人类可以实现的各种功能？某种程度上，我们的确如此，因为许多部件可以独立运作。但是，大脑中既没有小矮人组成的工人群体，也没有总负责人。相反，我们的内心活动是多维的，由许多相互间牵制的、不同的加工过程和决策组成。这些加工过程和决策，经常在我们的意识层面之下发生。这就是我们必须摒弃内在个体这一概念的原因，因为这个概念不足以解释我们大脑的复杂状态。最终，我们也抛弃了内在自我的概念。

哪些事情大脑天生就会做

如果大脑是一个由不同的加工零件组织起来的复杂机器，其中的组织来自何处？是谁站在制高点上建构所有的多米诺模式？这个问题是神经科学领域中一个主要的争议。我们在多大程度上来自基因的预先设置又在多大程度上是通过与社会的相互作用而构成的呢？这是在基础生物学层面上，老生常谈的天性（nature）与教养（nurture）问题的对抗。这些全部基于作为人类所涉及的方面，但即使是最简单的特质，也是生理上的天性与经验的结合。

很明确的一点是，我们出生时就已经有很多基础神经模式存在了。在出生时，虽然许多感觉和控制区之间的连接还没有达到成熟状态，但已经分化得很好了[15]。而新生儿并不仅仅像海绵一样单纯地接受环境给他们的感觉信息，他们同样能对外界起作用。例如，每一个新生的人类都配有一套行为指令系统，比如人们所知的反射，这些指令在发展中起着至关重要的作用。新生儿的觅食反射就是通过轻触他们的脸颊引发的，它让新生儿偏过头并张开嘴，期待触碰到好吃的乳头。如果乳头或什么形状相似的东西接触到了婴儿的嘴唇，又会激发他们的吸吮反射。你或许会想，婴儿们做出了是否要吃奶的决定，但事实是这些行为是完全自然而然且自动化地发生的，不需要任何思考。你不需要具备什么特别复杂的大脑就可以执行这一系列活动。无脑儿一出生就没有大脑皮层，却依然能够执行吸吮反射，这是因为这些行为是由皮层下的原始神经回路支持的。但无脑儿命中注定无法体验成为一个人是什么感受。他们不能学习，不会感到无聊[16]。他们只是简单地进行回应。这些孩子永远不会发展出自我意识，多数在出生几天后便夭折了。

与天生脑损伤的不幸婴儿相比，健康的婴儿拥有为学习周遭环境而生的大脑，而这种学习开始的时间非常早。迄今为止，我们知道还在母亲肚子里的胎儿就可以学习他们母亲的声音，发展出对她孕期所吃食物的喜爱，他们甚至能记住母亲在待产期间所看电视剧的主题曲[17]。所有这些都证明，大脑已经开始执行任务并对外界发生的事物产生的连接进行存储。这是将后天的相关影响从天性中分裂出来的理论一直饱受争议的原因之一。先天—后天的界限从何时开始定义？是从怀孕时开始，还是从出生后开始？

虽然神经科学家们对“成年人大脑结构中有多少已经在婴儿时期发展出来的”有争议，但很清楚的一点是：即使我们的大脑，这个建筑的蓝图是由遗传基因代代延续的，然而对原始结构的修正和拓展仍有待进步。所以环境可以通过塑造生成我们思维的神经连接的线路，对大脑进行重塑。

大人和孩子的脑有什么不同

我曾经买过一个叫“生长中的大脑”的小玩具，其实它就是一个压缩后的泡沫塑料大脑模型，放入水中后体积会膨胀。它很有趣，却不能当作好的教学辅助工具。随着婴儿的成长，他们的大脑的确会随之增大，但并非简单的膨胀。一个人类新生儿的大脑重量只有成人大脑重量的 1/4，而在出生一年之后，重量的差距就追上 1/2 还多。令人惊奇的是，重量的变化不是因为大脑发展出了更多神经元。实际上，新生儿拥有几乎与成人一样多的神经元，它们会被使用一生。大脑重量的变化大部分源自神经元连接的快速发展[18]。

如你在图 1-4 中所看到的，这是一个新生儿从出生到 5 个月大的神经连接示意图，人类大脑的神经元连接在婴儿期经历着巨大变化[19]。举个例子，在峰值活动期间，老鼠幼崽的大脑以每秒生成 25 万个新连接的速度发展，也就是每分钟生成 1 500 万个连接。我们不知道人类大脑中连接的发展速度，如果有区别的话，应该是更快。

这些结构变化反映了与外界相互作用的塑造大脑的生物过程，使之更适应周遭的环境。塑造过程包括两种互补的过程[20]。第一，遗传指令指挥神经元发展出越来越多的连接。这使得神经之间的连接最开始是产量过剩的。这也就是示意图看上去跟你花园中杂草的根茎系统一样芜杂的原因。第二，紧接着产量过剩阶段出现的是一个修剪的阶段，神经元之间的连接开始大量减少[21]。在高峰时期，每秒有大约 10 万个连接消失，也就是每 10 个连接中就有 4 个会消失。这些连接的消失十分令人惊讶。为什么我们的生理本能要大费周章地建立起连接，而目的又是之后将它们以近乎相同的速度切断呢？

事实证明，这种超量生产又随之切断连接的做法或许是一种根据周遭环境塑造大脑的聪明手段。大量的连接意味着大脑将所有从经验中得出的、可能遭遇的活动模式都进行了连接。不过，你要记住，同时激发的神经元倾向于建立更强的连接。一旦神经元间没有相互激活，它们之间的连接自然就会被修剪。让我们回到之前那个有关邻居的比喻，你可以将其想象为“如果你不回我的电话，我之后就不会再与你联系了。”或者拿你比较熟悉的如 Facebook、Twitter

这类社交网站来打比方，那些你不关注的人通常也不会反过来关注你。

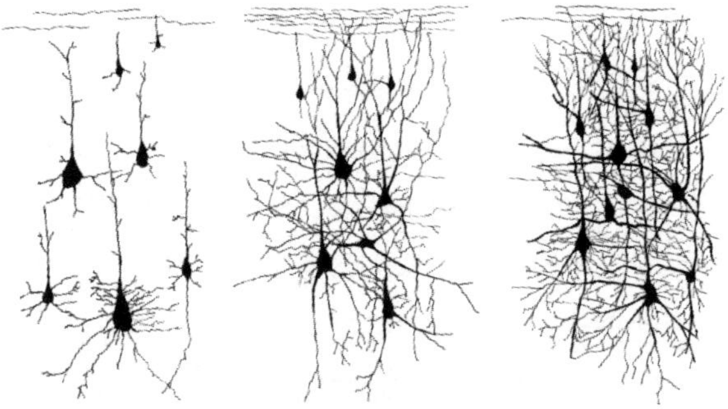

图 1-4　神经元连接在发展期的增长示意图

相互连接使得改变大脑结构成为可能。我们从动物实验中了解到，早期环境的作用会在大脑的连接中显现其影响。例如，如果在饲养老鼠幼崽的过程中不让其看到过多的东西或进行足够的活动，那么与可以进行正常玩耍的老鼠相比，它们的大脑就会更轻，拥有更少的皮层连接。诺贝尔奖得主大卫·休博尔（David Hubel）和托斯滕·威塞尔（Torsten Wiesel）发现，早期发展环境处于视觉剥夺状态的猫和猴子，它们视觉区域大脑皮层的神经元活动是受损的。另外，特殊类型的视觉剥夺会造成选择性的损伤。举个例子，在频闪仪构成的世界中长大的动物虽然能看到事物近乎正常的影像，但是它们不能看到连续的运动，就像是在 20 世纪 70 年代开闪光灯的歌舞厅里，你根本无法看到连续的运动。有一个不幸的女人，她大脑的这一区域在晚年时受到了损伤，她说自己过马路时非常困难，因为她根本无法判断开过来的车的车速。当她向杯子里倒茶时，茶杯从空到半杯水再到满的过程就像是一系列间断的照片[22]。

有些时候，人和动物看某些特殊图案的功能会丧失。在没有直线的环境中长大的动物无法看到直线。简言之，早期剥夺研究显示种瓜得瓜[23]。如果在发展早期剥夺一部分经验，那将对之后的生活产生长期的影响。在错误的视觉条件下被抚养长大的孩子会产生永久性视力丧失，也就是人们所知的弱视。弱视不是眼睛的问题，而是形成视觉的脑区的问题。这就是为什么弱视的人戴眼镜之后与没戴时没有区别。这也是弱视的人无法正常欣赏3D电影的原因，因为这需要在生命早期有正常的双眼视觉输入，而他们丧失了这种立体视觉。如果你想要对此做出改变，必须在问题形成初期就进行纠正，这时大脑的对应脑区还没有受到永久性的损伤，仍旧可以发展出连接[24]。这将我们引向了对另一个关于脑发展的基本原则的讨论，即对敏感期（sensitive period）的讨论。

科技互动与人际互动，谁赢了

时机就是一切，这一点在大脑发育中的许多层面都有体现，尤其当大脑依赖于外界输入的时候。我们的大脑进化为可以通过经验塑造的，但是有些经验一定要在生命中的某一特定时间发挥作用。就像上面提到的，感觉剥夺会导致后续生活中的永久性问题的出现，一旦错过了时机，连接因为不够活跃被修剪掉了，在相关脑区间重新建立起连接就变得越来越困难。机会之窗会被猛地关上。

这些有时限的大脑发展阶段有时被称为“关键期”（critical periods），因为在错过机会之窗之后就没有方法恢复失去的功能。实际上，称其为“敏感期”更为精确，因为大脑拥有足够的空间来修复，而且值得注意的是敏感期只针对我们的一部分能力，而非全部大脑功能。自然选择让我们的大脑在特定的发展阶段需要特定的激活[25]。为什么自然要如此孤注一掷呢？很显然，保留空白是应对不确定的世界最好的解决方法。

原因非常简单：像很多成功的制造商一样，自然永远需要最大化地降低生产成本。自然会倾向于生产不需要过分专门化却能够完成特定任务的机器。例如，我们没必要去做一个能够完成所有任务的机器，因为有些目标是不可能实现的或多余的，何况它一定花费巨大。预测最有可能面临的世界远比将机器提前专门化要好，而且更有效率。这就是进化过程对最合适的特性的筛选。那些不能对环境进行最大化地适应的系统是低效的，而且最终会在竞争中失败并失去延续的机会。这解释了为什么婴儿的大脑在他们没有来到这个世界之前，其预先设置的连接非常稀疏，出生后便开始通过经验与环境迅速关联起来并生成新的连接。

虽然现代社会复杂且混乱，我们感知它的基本方式在几代人之间却是可以预测也不会更改的。虽然经验仅仅对系统进行微调，然而，如果在关键期，需要某些经验的时候没有获得，就会造成永久性问题。最早揭示关键期缺失的研究之一是由康拉德·洛伦茨（Konrad Lorenz）进行的一项获得了诺贝尔奖的工作，他证明新出生的小鹅会跟随它们看到的第一个活动的东西，即使它碰巧是一个年迈的奥地利鸟类学家[26]。洛伦茨早期的影像展现了这位留着胡子的老绅士抽着烟管走路，被身后一群小鹅忠实地追随着的情景。小鹅的鸟类大脑预先设置了一种印随的机能，即跟随它们见到的第一个大的移动物，无论它是谁或是什么东西。对很多动物而言，自然给予了它们相似的机能以便让它们尽量快地跟上一个群体中重要的其他个体。在鹅和许多其他鸟类的例子中，自然设下赌注，认为它们所看见的第一个移动的物体一般会是鹅妈妈，所以没有必要进行太多的辨识，即使是奥地利鸟类学家也没关系。然而，如果小鹅被饲养长大，在出生后的 10 天内没有看到大的移动物体，那么它们就不会再产生印随了，因为机会之窗已经错过了。在自然状态下，如果它们没有找到可以跟随的东西，那就代表它们的妈妈抛弃了它们，小鹅们很可能会死掉。

人类比鸟类复杂得多，而我们的学习和教养期也是动物王国中最长的，所以快速适应的压力会小很多。无论如何，事实证明我们也有机会之窗，并被提前设置好了需要面对的环境中的特定信息。例如，人类语言的发展一般被宣称为基于大脑的能力的最佳例子，它既是人类所特有的也是生物学上锚定的。在《语言本能》(*The Language Instinct*）中[27]，史蒂芬·平克（Steven Pinker）指出，无论在哪里长大，几乎每一个孩子都能在相似的时间段轻松地学习说话，但是同时在同一个家庭养大的宠物仓鼠却不行。无论你和你的宠物说多少话，也不会得到它们的回答。对于这个问题唯一有意义的解释就是，人类大脑的预设中有语言学习的部分，而宠物仓鼠的大脑中却没有。无论在何种环境下成长的婴儿都能学会他们所接触到的语言。这证明人类存在一种内置的、独特的能力去学习语言，而且一定是从遗传学角度进行过编码的。但是，实际学习的语言则由环境决定。

人类婴儿能够轻松地习得一门语言的客观能力，只是语言生理结构中的一条线索。你注意到，在你长大一些之后学习第二门语言有多么困难吗？比如我曾经试过不少次，却始终没有学会另一门外语。尽管我花了不少时间听录音，仍旧无法打破英国人只会说英语的刻板印象。这是因为我大脑中支持语言学习的神经通路的可塑性已经逐渐丧失了。一些人在学语言上不会有太大问题，但这可能与他们接触另一门语言的时间是否在年轻时有关。在 7 岁前学习外语会更加容易。例如，在测试美国的韩国移民学习英语的能力时，我们发现 7 岁前到达美国的人就不会有太大问题。而对于年长一些的移民，学习英语就变得尤其困难，即便他们去上了夜间补习班而且学习动机非常强烈[28]。这显示出，他们在学习语言上存在生理局限。

对于很多人来说，他们很难听出不同语言的差异。

自我实验室

> 在一个经典的研究中，研究婴儿的加拿大学者珍妮特·威尔克尔（Janet Werker）证明了所有 10 个月以内的婴儿都可以听出因纽特语和英语之间的语音结构差异，然而，随着他们在自己的语言环境中浸润时间的增长，听出语言结构差异就会越来越困难[29]。进入中老年阶段后，很多已经丧失了发现两种外语之间区别的能力。

最好的解释就是，我们的大脑会通过周围环境的经验进行微调，并逐渐放弃发展不会用到的能力。因此，我们的大脑在语言学习方面的可塑性越来越弱。这就是为什么日本人在说英语字母“l”和“r”时听起来有些奇怪，这常常导致沟通上可笑的误会。平克写到他去日本时的经历，日本语言学家用日语欢迎他并且眼睛发光地说着：“在日本，我们对克林顿的勃起（*erection*）很感兴趣①。”这是在 1998 年美国总统克林顿即将因莫妮卡·莱温斯基（Monica Lewinsky）的丑闻面临弹劾时发生的事情。

机会之窗不仅存在于语言的领域中，它也出现在其他的人类能力的形成中。但是，在我们关注这一问题之前，我们应该提防在大脑可塑性和关键期的描述上进行过度解释。

> **这是因为，对很多动物的关键期的发现导致了对人类可塑性的一些极端的信仰和实践，在如何抚养孩子、怎么做才是最好的父母等方面表现尤为突出。**

---

① 他实际想表达的是自己对克林顿的竞选（election）很感兴趣。——译者注

20 世纪 90 年代，人们普遍认为我们抚养孩子的环境太单一了，这一度引起了恐慌。人们担心如果不将 3 岁以前的孩子尽早置于刺激物丰富的环境中，那么孩子最终会产生脑损伤。一时间，整个社会开始对训练婴儿的大脑非常关注，孩子的家长、祖父母开始疯狂地买挂在婴儿床上的旋转摇铃、刺激大脑发育的影视作品和 DVD、给孕妇听的莫扎特的音乐[30]等促进大脑发育的产品。更有人奇怪地认为，“科学证明”这些产品可以提高孩子进入常春藤大学或牛津剑桥这类学府的概率。营销商们甚至大胆到将他们的产品命名为“爱因斯坦宝贝”“巴赫宝贝”。约翰·布鲁尔（John Bruer）是詹姆斯·S. 麦康奈尔（James S.McConnell）基金的主管，他大力反对这种“早教热”，因为他更加支持最初的动物实验下的神经科学研究。他甚至写了一本书——《生命最初 3 年的秘密》（*The Myth of the First Three Years*），试图反对这种将动物剥夺实验过分外推到人类发展上的不正常的热忱[31]。

事实上，在动物的剥夺实验中，实验条件必须非常严峻，才可能诱发永久性损伤。而动物的日常生活环境足够复杂，自然的环境哪怕非常简单也足以为年轻而饥渴的大脑提供足够的刺激并使其适应。

家长们不应该被欺骗，认为这些产品可以推动人类发展了几百万年的进程。实际上，一些训练婴儿语言的 DVD 被发现对语言能力的发展是有损害的，因为家长依靠电子产品而非充分的人际社交来训练孩子[32]。

忧虑的养育者和精明的公司，要么天真地、要么故意地误解了大脑在关键期的可塑性的范围。更重要的是，没有什么证据证明我们可以让自然母亲改进，没有证据证明扩大早期的学习环境可以产生更好的智力成果。然而，人们却对这些信息充耳不闻。当家长认为做的是对孩子最好的事情时，大部分家长都宁可信其有，所以我估计早教产业依旧会长盛不衰。但愿家长能够理解人类的大脑还没有进化到需要依赖科技手段来汲取信息。大脑通过社会方式从他人获取信息，这比科技更加复杂，却更为人熟知。

大脑天生爱八卦

人类的大脑大概重 1.5 千克，通常是与我们体型相似的哺乳动物大脑体积的 5~7 倍，它同时有特殊而广泛的大脑皮层[33]。如果你的大脑与啮齿类动物具备相同结构，那么它会仅重 145 克，拥有极少的 20 亿个神经元[34]。为什么人类一定要拥有大且复杂的大脑呢？毕竟，它们的运作十分耗费资源，即使它们只占身体重量的 2%，却依然能消耗掉身体 20% 的能量[35]。有人测算过，一个象棋大师仅仅下一场棋就能够消耗 6 000~7 000 卡路里的热量[36]。我们能用什么来替这个耗费生理能量的器官辩护呢？一个显而易见的答案是，我们需要很大的大脑来做推理判断。这是我们能够玩象棋的原因。毕竟，更大的大脑意味着更加聪明。虽然这种理解在某些方面可能是对的，但是进化心理学家罗宾·邓巴（Robin Dunbar）却给出了一个更罕见的回答：这是一个人具备良好的社交能力所必需的。

他指出，体积大的大脑并不是为解决像下象棋这样的问题而生，而更多地是为了有针对性地解决个体所处的、必须与其他个体产生关联的大群体里所产生的问题而生[37]。

对很多物种来说，社交能力都是大脑的主要功能。举个例子，一般来说，群居的鸟类拥有比独居的鸟类更大的大脑。脑体积的变化也有可能随动物个体的寿命而变化，比如蝗虫。蝗虫一般是独居的、相互回避的，但是当它们进入生命中的“群相期”（swarm phase）时就会变得“群体化”。这一蝗虫的集群阶段是由蝗虫数量的剧增以及食物匮乏的危机所致，蝗虫因此集体移向一个新的地方。当它们相互摩擦的时候，这种触觉刺激使它们大脑中对彼此的注意得到了激发。令人惊奇的是，在开始群居并与周围的其他蝗虫形成了一个具有毁灭性的群体后，它们与学习和记忆相关的脑区会迅速地扩大 1/3[38]。

更大的大脑会促进更多社会性行为的产生。大脑体积与社交性之间的联系在灵长类动物中是存在的，即使将身体质量的差异列入考虑，大脑皮层面积也是能够预测物种的社会群体的大小的。例如，大猩猩是一种体形较大的灵长类动物，但它们生活在较小的家庭单元中，是一种独居的动物，所以它们的大脑皮层面积比体形更小的黑猩猩小，因为黑猩猩更擅于社交和群居[39]。

如果你生在一个群居的种族中，那么你将面临如何延续你的基因的艰难决定。为了保证你获得给自己和子孙的资源，你必须变得卑鄙一些。对于灵长类动物来说，它们确实会使用一些欺骗和联盟的手段，或者说是人们所知的马基雅维利智慧（Machiavellian intelligence）[40]，它以书写了如何通过狡诈和战略来进行统治的中世纪意大利学者之名命名。生活于高度社会化群体的灵长类动物，无论在取得潜在伴侣的注意上，还是在资源的分配上，都试图比其竞争者更精明。它们需要心理机制去监视其他同类的行为并且预测它们的目的。为了做到这些，灵长类动物必须拥有大体积的大脑和大面积的脑皮层，从而让它们能够追随庞大群体中所有潜在的复杂行为和信息。请你试想一群朋友之间存在的互动数量，你不仅要跟上每一个子群体内朋友间的关系，还要想得出大集体内的所有子群体间的潜在联系。

运用基于主要灵长类群体的分析，邓巴提出，脑皮层面积与群体规模的比率可以用来推测人类最适宜的群体规模。

根据邓巴的计算，人类适宜生活在最多 150 人的群体中。

任何更大的群体和随之而来的对社交能力的需求，都超出了我们的最佳承载量。这一激进的言论至今仍饱受争议，特别是考虑到前工业时代的社会时。在人类文明的进程中，技术和工业革命使得我们的集群模式发生了变化。在此之前，在开始于 1 万年前的前农耕时代，人类行为因我们的身份从逐猎物而居的猎人转变到长期定居的农民而变化。对于早期定居美国的宗教信徒来说，如哈特教信徒，当教内个体不超过 150 人时是他们最成功的阶段。当哈特教的社群发展到超过 150 人时，一个新的社群会从中分裂并诞生。对现代公司的分析显示，当把数量庞大的工人依照神奇的 150 人为一组分开管理时，其运作和管理都是最佳的。当马尔科姆·格拉德威尔（Malcolm Gladwell）在他的畅销书《引爆点》（*The Tipping Point*）中探讨邓巴数字时，他提到了手工生产高科技材料运动服饰的高太斯（Gore-Tex）公司，每当开设新的分公司以扩大其经营范围时，分公司都会将工人数量设定为 150 人[41]。邓巴数字是一个有趣的概念，特别是在发展和改变人类与他人互动和追随他人行为方式的领域中。然而，曾在早期社会适用的理论或许在社交网络化的现代社会中仍然适用。

与社会认知神经科学领域研究结果一致，邓巴认为人类大脑进化出了特殊的容量和专门对社会功能进行细致加工的能力。不然，人类为何要进化成需要在依赖成人的儿童期度过他们生命最长时间的物种？简单的回答一定是，我们就是一个需要通过讲故事和指导来一代代地传授尽量完整的经验的物种。我们的沟通能力意味着我们的子孙不必事事通过自己的探索，就能够通过听和学来接触世界。简单来说，人类儿童期的延长意味着每一代人不用重新发明轮子这类物品了。

婴儿与蝙蝠

在你了解了发育中的大脑的基本结构是用来向他人学习之后，我想你应该会奇怪，像一个婴儿一样思考是什么样子的。为了回答这个问题，让我们从作为一个动物会是什么样的这个角度来思考。

哲学家托马斯·内格尔（Thomas Nagel）[42] 有一个经典的问题："做一只蝙蝠是怎样的感觉？"拥有生动想象力的大多数人可以想象自己变得更小、拥有皮毛和翅膀，但是我们不能真正知道成为蝙蝠是什么感觉。一只蝙蝠不会拥有人类的思维，因为它的大脑不同于人类大脑，所以你无法用自己的人类大脑体验做一只蝙蝠的感受。作为一只蝙蝠，你没有机会从人类的视角来看世界，因为你的视力太弱了。你必须要依赖声波定位，这是蝙蝠在空旷环境中和寻找猎物时发出吱吱的叫声的原因。相较于鸟类来说，蝙蝠更像海豚，它们都属于哺乳动物。我们与蝙蝠的差异非常多，但是你永远无法理解做一只蝙蝠的感受的关键原因非常简单：因为你拥有人类的大脑和思维。这个类比可以应用于我们为什么很难理解人类婴儿的思维。

发展心理学家约翰·弗拉维尔（John Flavell）曾说过愿意放弃自己所有的学位和荣誉，以换取 5 分钟时间来体验婴儿的心理感受，这样做只是为了体验如何重新做一个婴儿[43]。这可能会浪费他的学术成就。你怎么可能看到另一个人的内心呢，更何况对方还是个婴儿。人类的婴儿虽然拥有人类的心理，却和我们所知的成人心理非常不同。如果你是一个拥有成人心智和婴儿外在的人，也无法像婴儿那样体会和思考这个世界。你要放弃所有在成人世界中建立起来的知识和理智，才能像一个婴儿那样思考。所以，你无法通过成人心理像个婴儿一样思考。你或许能成为一个婴儿，但不论你如何尝试，都永远无法体会婴儿的心理感受。每一对父母都会在这种尝试中失败。当我们看着摇篮中的婴儿时，总有那么一瞬尝试猜测他们在想什么。我们试图想象如果自己是他们会是什么感觉，但是在我们的痴心妄想中，他们和蝙蝠没什么区别。

一个婴儿的内心对我们来说可能是非常不同的，但他们最终会发展出成人的心理。天性使人类拥有学习和从他人身上快速学习的能力。不止成人溺爱并关注着他们的后代，每一个婴儿也在彼此关注着。这也是为什么我们的物种能够拥有极强的在每代之间传授知识的能力，而且这个星球上没有其他物种能够在这方面与人类相媲美。但是，婴儿知道他们是谁吗？婴儿拥有自觉意识，拥有对自我的意识了吗？我们无法确定，但我认为他们没有。要开始建立自我幻象是需要早期社会互动的。

第2章

狡猾的婴儿：我是社会摇篮中的我

每个人都有婴儿时期，无论是希特勒这样的恶魔，还是特蕾莎修女这样的救世主，都是如此，当然也包括你我。我们都曾经像天使一样天真无邪，大部分人被一些人视若珍宝。但是在成长路上的某些地方，我们中的一些人会丢失自己的纯真。一些人变得邪恶，一些人变得善良，一些人成了银行家。无论如何，我们都会在成长中探索出自我的意识。而这种探索是如何开启的呢？

人们一度以为，婴儿的思想在出生时是空白的，在出生后由周遭的环境填充。18 世纪的英国哲学家约翰·洛克（John Locke）将新生儿比喻成一张白纸，由经历进行书写[1]。19 世纪的美国哲学家威廉·詹姆斯（William James）认为婴儿的世界是一片迷茫的混沌。其实无论是认为婴儿完全没有天生的能力，还是认为婴儿所拥有的经历是混乱的观点都是错误的[2]。自然选择已经为人类创造出准备好接受某些特定信息的大脑。婴儿生来具有的大脑控制系统是为学习世界上一些特定的事物才演化出来的，而于他们无用的事物就会被忽略掉。对于一个人类婴儿来说，最重要的东西就是其他的人类。人类婴儿完全依赖于他人而生存，正如前面提到过的，相较于其他物种，人类婴儿的依赖阶段的时间在生命中所占的比重是最大的。

大约 25 万年以前，几千个拥有足以适应新环境的复杂大脑的智人从非洲开始了迁徙，他们通过一代代进化，已经具备了能容纳复杂知识的脑容量。我们生来是为了学习的。在书写和网络出现的很久之前，人类已经掌握了其他动物无法使用的交流方式。随着交流的出现，人类掌握的技术和技能产生了飞跃。这并非是我们基因内的信息，而是从他人处获取的知识。我们的父母、我们父母的父母、我们祖父母的父母，已经获得了通过一代代流传下来的上千年的知识。因此新生儿不必一切重新开始。人类却常常忘记一个关于人类文明的显而易见的事实：我们是这个星球上唯一一种能够将技能和知识传递给后代的动物。其他动物可以从它们的环境中学习，但没有哪种动物拥有人类这种在一生中吸收过去数千年同类经验的能力。

发掘知识的最佳方式就是注意其他人，因此人类在儿童期停留了那么长的时间。相较之下，拥有更长幼年期的其他生物，也会比物种相似却更早成熟的生物更聪明。例如，乌鸦是一种相当聪明的鸟类，它们可以解决鸟类行为学家设置的问题，而且这些问题的难度比像鸡那样的鸟类能解决的更复杂。在孵化之后，鸡学会站立、啄食和找寻食物的速度比乌鸦快得多，而乌鸦则需要由它们的父母将食物带回巢里喂食。然而，当成熟之后，鸡只会有限的几种搜寻食物的方式，乌鸦却能更灵活地觅食。乌鸦拥有更大、更复杂的大脑，这也是为什么它们有的时候被称为“长羽毛的黑猩猩”，它们就像黑猩猩那样聪明。对于许多动物来说，幼年期都是生命循环中探索与发展的阶段[3]。那些在探索发展期停留更长时间的物种，会拥有更强大的技能，不难预料，它们也会更加社会化。

在人类社会中，我们不仅从他人身上学习有关周遭环境的东西，也在学习如何成为自己。在观察、试图理解他人的过程中，我们开始发现自己是谁。在成长的这些年里，我们所感受到的被映射的自我的幻象，是由身边人与我们自身的社交互动而建构的。

成人和猴子的面孔，婴儿都能辨认

随着人类需要处理的社会关系越来越多，大脑因而变得越来越大。你需要足够大的脑容量来思考人，以便在社交的道路上走得一帆风顺。你不得不学会狡猾处世，而这需要你拥有预测他人想法的能力。如另一个著名的意大利人唐·柯里昂（Don Corleone）所说，为了成为一个成功而狡猾的灵长类[4]，“你不但要接近朋友，更要接近敌人”。换句话说，你必须警惕那些想从你身上获取利益的人。

人类在成长中第一件要做的事，就是识别出群体中的重要人物。你一定要慎重地选择。试图和每一个人都以相同的方式相处是没好处的。如果你是一个性欲旺盛的雄性，你可以想象这样做带来的问题，你会不分对方是母亲、姐妹还是女友就与其发生性关系。从进化的视角来看，区分个体是非常重要的，而其中人类使用的最主要的识别他人的方法就是依赖人脸的独特性。

面孔是一个很独特的图案种类，因为它们都有着相同的基本结构：两只眼睛、一个鼻子、一张嘴。虽然面孔，很相似，平均每个人可以识别出的不同面孔却有几千张。这一面孔识别能力由一个被称为梭状回的神经回路支持，它是一个位于耳后方的皮层区[5]。当我们看面孔时，这片区域会被激活，而当你非常不幸地在这部分脑区特别是左侧遭到损伤时，你可能会遭受面孔失认症的折磨，这是脸盲的一种。面孔失认症患者不能区分面孔的差异，也无法认出曾经非常熟悉的脸。

我们对面孔的喜好从很小的时候就开始了。就像洛伦茨的小鹅会跟随它们看到的第一个活动物体，人类新生儿大脑中也预设了追随面孔的回路[6]。虽然他们的视力差到几乎是盲的，面孔对于婴儿仍像磁石一样有吸引力。婴儿们无法将他们的视线从人类面孔上移开，哪怕这个面孔只是一个用两个点代表眼睛、一个点代表嘴巴的图示。这一原始的面孔类图示喜好，很快就被一套用来学习识别特殊面孔的系统所取代。

自我实验室

> 如果你向 6 个月大的婴儿展示一张他们从没见过的面孔，他们会很轻松地记住它。他们在学习身份的对应，但是也不仅局限于人类面孔。6 个月大的婴儿已经能够识别人脸和猴子的脸。然而，9 个月之后，婴儿就失去了区分不同猴子面孔的能力，与成人无异了[7]。这是敏感期大脑可塑性的另一个例子，即越来越向经验靠拢。

值得注意的是，同人类一样属于灵长类动物的猴子的幼崽也会寻找面孔，无论面孔是猴子的还是人类的，但这种能力会越来越多地被它们所处的环境影响。我们从一个实验中得知了这一点，这个实验中的猴子被养在看不到面孔的实验室里，人类饲养员都用空白面具将自己的脸遮住[8]。如果猴子从没有见过面孔，它们会失去区分面孔的能力。这一选择性的面孔回应印证了“用进废退”的原则，在这一原则中，神经网络与早期经验协调，最终建立起永久性的记录。

早期面孔经验也会对人脑进行塑造。例如，天生白内障的儿童在婴儿时期无法清晰地看到面孔，当他们在之后的生活中通过外科手术进行矫正后，即使视力变得清晰了，还是会有面孔识别方面的障碍[9]。无论在之后的生活中你怎样训练和练习，一些早期的激活和输入在大脑发育中的塑造作用仍然至关重要。所以，当泰山从丛林中返回要登上王子宝座时，他无法区分厨师和女帮厨的区别，因为他在婴儿时期没有看过人类的面孔。换个角度想，他对动物园中猿类的识别能力可能还更好一点儿。

同样，区分其他种族个体的差异也是如此。不像很多成人认为其他种族的成员看上去都差不多，婴儿一开始在区分别种族的成员时完全没问题。他们可以看出每一个个体的区别。只有在不断接触同种族人的面孔之后，我们的区分能力才发生了变化。但是，你可以通过不断让婴儿看其他种族人的面孔，以避免他们产生同种族面孔的识别优势[10]。所以，下次当你觉得其他种族的人看上去都差不多时，别担心，这不是种族歧视，只是大脑缺少可塑性罢了。

会传染的笑容

大脑的发展不止需要对环境的接触。如果你是一个婴儿，发现面孔时你会做什么呢？人类婴儿在诞生的时候非常不成熟，他们不能像鸟儿那样蹒跚地走向母亲，他们至少还需要 10 个月或更长时间。然后，婴儿会本能地倾向于通过模仿大人来回应他们，或者至少表现出让成年人认为婴儿是在模仿的回应方式。这很常见，如果你向一个新生儿伸出舌头，有时他们也会向你伸出舌头[11]。连猴子的幼崽都会这么做[12]。这种伸舌头不像一个讨厌的孩子在公交车窗户上向你吐舌头或者是扮鬼脸，如果你耐心地等一会儿，一个新生儿可能真的会尝试重复你的表情。这很有意义，因为它意味着刚刚进入这个世界的新人类已经准备好进行社会交往了。

吐舌阶段之后，接下来是微笑阶段。两个月之后，大部分婴儿会自发地向成人微笑。这对于所有父母来说都是奇妙的时刻。脑影像研究表明，当母亲看着自己孩子微笑的照片时，比起其他孩子微笑的照片，她们大脑中的奖赏中心的神经回路，也就是人们所知的伏隔核更容易被激活[13]。这是和看见花朵、吃巧克力、达到性高潮和中彩票一样的回路。毫无疑问，社会性微笑被认为是高度喜悦的行为。

我还清晰地记得，当我的大女儿第一次向我微笑时，我那从头到脚的惊奇和喜悦。那不仅仅是微笑，而是爆发出的一连串美妙的笑声，从那时起她总是向我大笑。即使一个婴儿行为专家很清楚这个时段该出现社会性微笑了，但女儿第一次微笑带给我的情感上的冲击仍旧让我颤抖，我立刻跑去告诉每一个人。在一些文化中，比如北美的纳瓦霍人，新生儿出现的第一个社会性微笑是要被庆祝的，而看到这一幕的人被认为是幸运的，他应该给家里的每一个成员送礼物。他们认为，这时的婴儿已经融入部落中了[14]。

仅通过面部 12 块肌肉的运动，狡猾的婴儿就能够用一个微笑控制身边的成人。当婴儿朝我们微笑时，我们也以微笑回应，而这感觉棒极了[15]。这是因为微笑激发了我们大脑情感中心对快乐感觉的回应，这个中心一般是与面部表情相联系的。即使让一个人横着咬住一根铅笔迫使其微笑，他们也会比让他们撅起嘴吸住一根铅笔时更快乐[16]。复制对方的表情让我们拥有不同的感觉，一个原因是因为情绪是可以在人与人之间蔓延的。

自我实验室

实际上，当有人在场时我们更容易微笑。一项研究显示，玩保龄球的人在不面对朋友时，获得高分后只有 4% 的时间会微笑，而当他们转向朋友时，微笑增加到了 42%。这显示微笑这种表情本质上是一种给他人的信号[17]。

微笑与控制社会行为的脑区的发展有关，即位于大脑前方的眶额叶皮层，因其覆盖于眼眶之上而得名。通过超声波检测胎儿时，人们也发现了微笑表情，这意味着它是一种硬件连接的行为[18]。但直到两个月左右，大脑主管社会交往的高级控制中心才与微笑的发生产生联系，所以两个月大的婴儿已经可以用微笑来控制他人了。

在一项对天生失去视觉和听觉、从未见过人类面孔的婴儿的观察中，微笑被证实是一种与生俱来的能力。这些婴儿同样在两个月左右开始微笑。然而，如果不采取方法强化它，盲人婴儿的微笑最终会消失。没有反馈时，微笑就停止了，这和小鹅的印随很像。

但是有一个有趣的现象：如果成年人做出拥抱、轻弹、推动和挠痒痒[19]这类让婴儿知道他们并不孤单、有人在乎他们的行为，那么盲人婴儿的微笑会持续下去。

社会反馈可以鼓励婴儿们继续微笑。通过这种方式，早期的经验会操纵我们的生理产生社会行为。实际上，你不必通过可怜的盲人婴儿证实这一点，视力正常的婴儿在你看他们或回以微笑时也会笑得更多。如果你一直没有表情，或者更过分，摆出一张很消极的脸，他们就会停止微笑而且表现得有些痛苦。当婴儿 6 个月大时，他们会对着生气的脸哭泣，对看上去悲伤的脸皱眉。婴儿们希望而且喜欢成年人对他们微笑。谁不是呢？达尔文最早意识到，这是一种普遍的表情，是人类社会交往的核心组成部分[20]。

大笑的老鼠

大笑和微笑不仅是我们向别人发出的喜欢他们的信号，也是将我们这种社会性物种连接起来的强烈情感动机。它们是激发个体进入群体的部分机制。当我幼小的女儿爆发出笑声时，她在阐释一种最原始的产生连接的需求。如果离开大笑和微笑的能力，我们会变成孤单的个体。我们用笑来润滑僵硬的社会关系，它表示我们很好相处、不具有攻击性，而且让某些潜在的人觉得值得为我们付出时间和精力。

简单来说，我们用笑创造了一个映射的自我，因为我们对自我的意识依赖于别人如何看我们，我们变得有趣是由我们文化中一些重要的衡量人的指标所决定的。

这也是我们总觉得自己比平均水平更幽默的原因之一，虽然统计上讲这并不现实。只有非常少的人能够承认他们没有幽默感。幽默是个体用于描述自己性格时最有吸引力的特质之一。那些对自己过于严苛的人会被认为是冷漠而疏远的，而那些让我们笑的人则会被认为是温暖又容易接近的。

很难想象失去笑的能力之后，我们将如何面对生活中的挑战。即使在纳粹集中营最残酷的暴行中仍存在欢笑。在大屠杀中幸存的精神病学家维克多·弗兰克尔（Viktor Frankl）写到，笑是一件非常重要的助人存活的东西[21]。特里·安德森（Terry Anderson）在 20 世纪 80 年代被当作人质扣押在黎巴嫩 2 455 天，他在回忆录中记录了与他一道被关押的囚犯如何运用幽默度日[22]。其中，一个俘虏讲冗长的故事，另一个则负责模仿守卫。笑声使得不能忍受的境况变得好过了些。也许这就是从那些造成大量人丧生的震惊世界的事件中觉醒后，总有人不可避免地想到“病态”的笑话的原因吧。这就像我们需要笑来作为一种放松身体的机制，以达到抑制紧张的目的。弗洛伊德杜撰出了“绞刑架下的幽默”这个术语，来形容它是如何在死亡面前充当一种防御机制的。在那样的时候，笑对我们的折磨就像是打喷嚏一样无法避免。我知道这种感觉，因为在我还是个孩子时，我在父亲的葬礼上经历了一阵无法抑制的笑，在我知道这是应对压力的一种正常反应之后，我才不那么自责了。

心理学家罗伯特·普罗文（Robert Provine）曾研究过关于笑的科学[23]，他指出生成笑的机制很大程度上是无意识的，我们不会用选择如何说一句话的方式来选择如何笑，笑更多地是受到周围人的影响而激活的。当我们所在的群体中有人笑时，我们也会笑。笑是一种情绪状态，一种系统无意识工作中引发的感觉，一种由大脑深处制造的情绪唤起。但是，我们认为什么东西有趣取决于负责加工内容的大脑皮层输出的情绪被唤起的程度。笑可以被笑话激发，也可以被一些不用过多智力、更躯体化的缘由触发，如挠痒。当你咯吱婴儿使他们发笑时，他们是在展现一种与其他的动物一样的古老的进化机制。

动物的笑一直是有争论的。直到最近，笑才被认为是人类特有的。然而，大多人类行为都是经过进化的，因此我们也不必因在其他物种中发现人类行为的原始版本而惊奇。很多养宠物的人应该都知道，他们的动物会在打闹游戏中通过笑表现它们的开心。小狗和小猫似乎很乐于参加没有明显奖励但充满游戏乐趣的活动。最初这些行为被理解为成年后攻击行为的前导，是为了发展出狩猎这一生存技能。即使对动物行为的解释也有误导。例如，黑猩猩咧嘴露出牙的微笑一般会被认为是在表达恐吓和害怕。

然而，当雅克·潘克塞普（Jaak Panksepp）进行了一项对大鼠的令人吃惊的研究后，我们应该重新思考动物在玩闹中的笑了[24]。首先，他注意到因实验被隔绝听力的大鼠在玩闹游戏中不如普通大鼠那样投入。聋了的大鼠似乎失去了什么东西，潘克塞普发现那就是快乐的叫声。当他将一个能制造高于人耳听力高频声音的灵敏的麦克风放入盒子中时，在游戏环节中出现了一种 5 万赫兹的尖叫声，大鼠们以此来代替笑声。他迅速发现这些大鼠也十分喜欢被挠痒，只有研究员胳肢它们时，它们才会不再追逐研究者的手。大鼠们会玩追逐手和所有其他与咯吱婴儿相似的游戏。大鼠幼崽笑得最多，同时，玩闹活动和笑都会随着年龄的增长而减少。

为什么挠痒如此令人愉悦呢？其中有一个触觉基础，但是却不足以解释这一行为，因为大家都知道，自己给自己挠痒时是不会笑的[25]。被别人挠痒的过程中，有一些东西对于引起笑的体验是必需的。人们发现，我们会发出笑声是缘于缺乏自我控制。无论何时我们触摸自己时，我们的大脑都会持续追踪自己的动作。我们需要这种自我控制来指挥行为，也需要知道感受的变化是出于自己的动作还是外部世界。我们之所以不会在自己给自己挠痒时笑，是因为这些动作完全在自己的掌握中而且可以预测。然而，来自位于伦敦的神经病学研究所的研究者们发现，你可以通过挠痒机来逗乐自己，因为在操控杠杆的动作和进行挠痒的探针之间存在延迟[26]。

当自我看上去不再处于操控地位时，我们将所有的感觉都归于外界变化。

这也解释了为什么精神分裂症患者可以将自己“胳肢”笑，我们认为他们的自我控制机制遭到了破坏，他们把自己的大脑和身体产生的感觉和体验归于其他来源[27]。毫无疑问，这种在触觉刺激方面自我感觉的缺失会延展到挠痒之外的感觉愉悦的领域，这也是为什么被按摩会令人感到无比享受！

笑在所有文化中都被认为是基础而广泛的情绪。在所有不同的情绪表达中，笑是仅有的几种天生聋哑的成年人能够发展出的情绪表达之一，这显示出它在进化上先于其他情绪。笑很古老，而且与其他物种共通，这暗示着它可能具有重要的作用。即使我们都体验过独享的欢乐时光，有自己的专门笑话，笑却主要是一种社会现象，在人类发展和物种发展的早期都有其根源。

我们喜欢笑，也喜欢逗他人笑。不仅因为笑声可以带来如解除压力、消除病痛等多方面的好处，也因为它可以将社会联合体中的个体联系起来。这是一种深层的情绪反应，由杏仁核和相关大脑网络的情绪区域激发，但是它的运作与更高阶的社会认知相关领域，如思考他人的控制过程相关联。我们用笑来表达自己想要加入一个团体的愿望，同样也会用笑话他人来排斥他们。通过这种方式，笑变成了一种团体联盟和识别身份的有力武器。然而，有的时候这种武器自己会变质。我们发现这一点是因为，许多种与笑相关的脑区的连接受损导致的行为失调会引发冲动的、社交上不合适的情感爆发[28]。多发性硬化、中风、阿尔茨海默病、帕金森症和其他脑损伤，会损害大脑控制社交行为的不同部分的联系。即使对健康的成年人来说，如葬礼这类高情绪唤起情境带来的压力，也会导致他们暂时地失去抑制笑的冲动的能力。这也是酒精和喜剧如此盛行的原因。当你喝酒的时候，你的大脑会部分地放松抑制，因为酒精会损害皮层的抑制能力。我们在酒后会更轻松，而且不那么注意自己在公众场合的言行，我们说话的音量增大、变得愚蠢并不停地寻找更好笑的笑话，或至少笑得更合意了。社交上合适的笑不仅需要对复杂的社会环境进行解读，也需要对可能不注意时触发的冲动进行调节。这就是为什么儿童需要学习控制住笑。我们可能生来就会微笑和大笑，但是我们的文化最终介入并告诉我们怎样做是适合的。这可能解释了为什么喜剧演员总是在扩大社会对幽默接受的底线，却仍旧没有达到我们对他们的期望，因为我们很乐于测试我们自控能力的底线。

为什么小孩子爱黏着母亲

最开始，大多数婴儿都是群体性动物，他们会整夜地醒着，愿意友好地与人交往。他们觉得所有成人都很吸引人。与其他女人相比，婴儿可能更喜欢看自己母亲的面孔、听她们的声音、品尝她们乳房流出的奶汁、闻她们的味道[29]。但是，当涉及社会化时，小婴儿一开始其实并不关注与自己进行有意义的交往的成人是谁。对婴儿来说，有意义就是能让他们集中注意。只要我们与婴儿的互动在他们关注我们时是适时的就行[30]。如前文说到的，婴儿一方面会表现出模仿成年人表情的行为，但是这种模仿在现实中常发展向不同的方向。这也是他们不喜欢表情冷漠的成年人的原因[31]。另一方面，面部表情过度生动，即脸上有太多表情的成年人，也会让人心烦[32]。完美的结合就是婴儿和成年人之间的一种和谐的互动，一种像同步的芭蕾舞一样的行为交流[33]。对于婴儿来说，似乎最初的 6 个月都是在让他们发现自己是人类，并且关注其他人类。随后，任务变为建立他们独特的自我意识。

这就是早期关系在塑造自我的过程中的决定性角色。一开始，婴儿喜欢每一个人，但出生半年之后，事情会发生变化。这时的婴儿变得更加有辨识能力。他们喜爱的人限定于自己的母亲，对陌生人也开始变得恐惧。这种恐惧会一直延续到多年之后，直到他们开始上全日制学校。你也可以通过婴儿在你靠近他们时会不会突然哭起来判断他们的年龄。这一社会发展阶段标志着母婴依恋的开始，以及出现了相应的面对陌生人时的焦虑[34]。当然，大多数父母，尤其是母亲，从婴儿出生开始就已经与其建立了非常强的情感纽带。开始的时候，我们的婴儿看起来非常可爱，因为他们具有“婴儿气”（babyness），鸟类专家洛伦茨发明了这个词来形容动物王国中婴儿们所拥有的大眼睛和大脑袋的迷惑力[35]。大脑袋、眼神天真的婴儿对成年人非常有吸引力，这解释了人们为什么觉得小狗、总是把眼睛化很大的明星 Lady Gaga、卡通形象中的贝蒂小姐和小鹿斑比看上去很可爱，因为它们都有相似的大脑袋和大眼睛。这也是在很多文化中，女人包括一些男人会通过化妆突出眼部来变美的原因。婴儿气也可以解释为什么青春期前的女孩喜欢看成人的照片，但是当她们到了青春期后，就喜欢看婴儿了[36]。天性赋予了那些将要拥有孩子的人对婴儿的爱。

与婴儿的社会联结是一个由妈妈和孩子双方的大脑奖励中心参与的化学协调事件[37]。流过奖励中心的强有力的激素混合物，产生了伴随我们思想的感觉。正如激素能够调节社会联结那样，它们也同样在产生社会压力时释放。这是大多数妈妈很难和她们的孩子分离的原因。如果你试图让恒河猴幼崽和母亲隔开，你可能会感受到母猴的愤怒，这是一种因皮质醇释放产生的具有攻击性的、被唤起的暴力反应[38]。皮质醇是一种流经身体时使其激活并为行动做好准备的激素，它会在让其他系统暂时待命时，通过分解脂肪和蛋白质生成额外的能量。在与其他激素，如肾上腺素结合之后，我们的唤醒系统就会被激活，以便为生命中三种最重要的行为做准备：战斗、逃跑和性冲动。

当战斗时，人们很难比与孩子分离的母亲更具攻击性。我的妻子金（Kim）曾带着我们的大女儿和保姆旅游，在一个机场进行入境时的例行安检环节。她将大女儿暂时交给了保姆，自己去取重要的文件，而保姆和婴儿却被引导到了下一个环节，一道玻璃滑动门将母亲和孩子分隔开了。意识到这一情形之后，金试图推动屏障，安保人员示意让她等待。金此时产生了狂躁的情绪，她威胁那个安保人员说如果不立刻打开门，她会想办法越过他并且冲到门那边去抱孩子。男性安保人员看到她充满母性的愤怒和疯狂的样子后，立刻便让这个年轻的母亲过去了。因为相同的原因，如果动物的母亲在场，动物专家在接近它们的后代时要非常小心。

婴儿在 6 个月大的时候，与母亲分离时会开始表现出强烈的情绪反应。这时的他们不想被任何除母亲以外的人抱，当别人试图将母子分开时，他们会尖叫、大哭。在他们的皮质醇到达峰值时[39]，他们会因分离爆发出尖锐的哭声，这会让人难以忍受，而只有他们被安抚并回到母亲舒适的怀抱中时，这种哭泣才会停止。这不是件好玩儿的事。对于母亲来说，没有什么比听自己孩子的哭声更痛苦的了。这种“生物警笛”（biological siren）[40]，可以确保婴儿把母亲控制在自己游戏活动的范围内。当他们开始爬或者跟跄学步，即将近一岁的时候，婴儿们会紧紧追随着母亲并跟着她们的路线走。我的一个同事安妮特·卡密洛鞭－史密斯（Annette Karmiloff-Smith），她对一个学步的婴儿和他的母亲离开去做家务时的状况进行录影并制作了一个纪录片[41]。在快放时，你会看到：

> **婴儿和母亲间就像有一个隐形的弹力带连接着，婴儿永远都不会让母亲离自己太远。**

约翰·鲍尔比（John Bowlby）是一位英国精神病医师，他是最早对这种早期的社会依恋行为进行描述的人之一[42]。他受到洛伦茨的鸟类印随理论的很大影响，并解释说依恋是一种进化出来的相似机制，以保证母亲和婴儿能够保持亲密距离。在鲍尔比的观点中，孩子就像在玩排球或板球的击球手，他们在触到底线或在球门区之后时便觉得安全，当他们距离这个区域越远，就会越紧张、越没有安全感。母亲就是孩子探索世界时的安全基地。

鲍尔比预测，那些在婴儿时期没有机会建立起安全型依恋的孩子，最终会成长为对环境适应不当的成人。这一结论的很大一部分来源于他自己对第二次世界大战期间与父母分离、并迁移到没有被提供可以建立依恋关系的护理环境下的孩子们的观察。他发现这些在生命早期与父母分离的孩子无法正常发展，他们会在青春期出现很多反社会行为。因饱受战争摧残而出现很多家庭分离现象的欧洲国家也显示出相似的情形，孩子在发展早期的境遇会影响他们成年后的行为方式[43]。他们的映射自我在混乱的、无法控制的世界中出现，使得他们在成年后回避社会的凝聚和结合。

自我实验室

在 20 世纪 60 年代，鲍尔比的同事玛丽·安斯沃思（Mary Ainsworth）设计了一个让婴儿与母亲在陌生的环境下短时间分离的实验，以揭示婴儿的依恋本质[44]。开始时，母亲和婴儿一起待在休息室，一位陌生的女性会进来和母亲交谈。这时候婴儿一般会在房间里开心地玩周围的玩具。几分钟之后，母亲会离开婴儿 3 分钟，让这位陌生女性来照看婴儿。陌生人会试图与婴儿交流，一直到母亲回来。之后，这一程序会重复几遍。安斯沃思发现，婴儿会对他们与母亲的分离产生不同的反应[45]。大多数婴儿会在母亲离开又返回之后开始哭泣，这些婴儿被形容具有安全型依恋，这显示出他们有合适的战略提醒离开太远但正在返回途中的母亲。另外一些婴儿则属于不安全型依恋，这种表现被称作“回避”，或者他们会在母亲返回并试图让他们安定下来时很难被安抚并且进行“反抗”。

在自我发展的依恋解释中，有两个重要的局限。第一，与母亲的情感依恋是普遍性的，却表现出不同的方式，这取决于孩子本身和他们被抚养的方式[46]。第二，像很多父母，尤其是养过双胞胎的父母所了解的那样，孩子生来就有一套影响他们与他人互动的气质。有些孩子与其他孩子相比往往更加黏人，这种性格影响了他们应对压力和不确定性的方式。他们的情绪脑中有对不确定性过度反应的结构，很可能是从父母的性格中遗传了这一点。我之前在哈佛的同事杰里·卡根（Jerry Kagan）管这种天生的性情叫“压抑”（inhibition），它体现了杏仁核的反应。在他的研究中，卡根发现大约每 8 个儿童中就有 1 个是天生压抑的，他们生来便对新的环境表现出恐惧[47]。而另一个极端是大约每 10 个婴儿中有 1 个是天生脱抑制性的（disinhibited），他们不易恐惧，对不确定性和新环境的应对能力极强。剩下的婴儿则是在两个极端之间的。卡根发现，他可以最早在婴儿 4 个月大的时候识别出婴儿的性情，而这可以预测他们 7 年后的人格。

孩子表现出的社会行为必然会反映孩子的性情与环境之间的相互作用。家长会本能地适应他们孩子的性格，但这可能受到文化规范的塑造。举个例子，在一些文化中，比如德国倾向于鼓励独立，而日本的孩子传统上则会与母亲在一起更长时间，他们不用应对像安斯沃思实验中的情境。这表明，孩子天生的性情和环境共同塑造了孩子的情感和社会行为。

值得注意的是，对婴儿的研究之后进行的成人研究揭示出，在某种程度上，成人在面临社会分离时的表现像婴儿一样。我们的婴儿依恋模式，会影响我们之后在生活中与伴侣的情感依恋[48]。那些发展出对母亲的正常渴望模式的婴儿，即当母亲回来时容易被安抚的婴儿，更容易在成年后建立起相对稳定的亲密关系。研究者发现这些人也相对更容易与他人接近，更容易依赖他人并被他人依赖。他们不会担心被抛弃，会在亲密关系中感到舒适。相对地，那些与母亲形成不安全型依恋的人会因害怕被抛弃而变得难以相处，如果他们在婴儿时是逃避的，他们通常会避免过分靠近他人或被他人靠近[49]。当然，如果这些成人也有孩子，那么就很容易看到成人的依恋模式会如何影响下一代人。

有人可能会认为我们第一个爱的人往往爱得最深，会对我们成年之后的恋爱关系产生长期的影响。你会听到弗洛伊德在这个背景中发出啧啧声：“我早就说过。”然而，不是所有事情都是一成不变的。关系会产生、结束，并改变我们的生命，还有一些会比其他的留下更深的印象。情境和环境会不断地改变而且不可预测。早期依恋效应，如其他个体间的不同一样，更大程度上是与大多数塑造我们性格的因素相互作用的先天倾向。这些早期依恋效应可能反映了性格、文化差异、教养方式等，但是却不能决定我们在任何情况下的发展。唯一确定的是，无论早期因素占据着怎样的角色，它们在某些模式下的社会环境中是决定性的。我们需要他人来让我们发展，不仅是为了获得照料，还是为了变得社会化。

丛林中的婴儿

1798 年，一个大约 10 岁年纪的赤裸男孩从丛林走出，进入了法国阿伟龙省[50]。村民会定期地看到他却不知道他是谁。他很可能是在困难时期被遗弃在丛林中等死的婴儿之一，毕竟杀婴者在法国大革命期间是司空见惯的。然而，这个后来被人们叫作“维克多”的男孩却设法活了下来。当地村民最终抓住他后，维克多的新闻传到了巴黎，在那里引起了轰动。在大革命精神中，哲学家让－雅克·卢梭认为：人性本善，而我们内在高贵的野蛮人却在社会中被腐化了。维克多是这一论断的第一个实验案例，因此巴黎的知识界人士都非常想见到他。作为一个没有被社会腐化的男孩，维克多可以成为卢梭的高贵的野蛮人的化身。

然而，维克多距离高贵很远。他很暴力，会发出动物般的噪音，并且不分时间场合地排泄。一开始，人们以为他可能是聋哑人，所以他一开始被安置在国家聋盲机构生活，但是维克多的问题不久就变得清晰了，他的问题不只是不能交流那么简单。一位年轻的、曾经在这家机构中治疗过他的巴黎医生让·伊塔（Jean Itard）这样形容他记忆中的维克多：

> 他是一个令人厌恶的、不爱干净的男孩，经常出现间歇性的抽搐，他总是像动物园里的某些动物一样做出平衡动作，对与他有矛盾的人又咬又挠，从不对照顾他的人表现出善意。总的来说，他对所有人都很冷漠，而且对任何事情都不重视[51]。

伊塔相信经过耐心的训练，维克多可以重回社会生活。一开始，维克多逐渐能够懂一些口头命令，使进程变得似乎很有希望。他甚至尝试着穿衣服。然而，他的交流能力在经过 5 年训练后仍旧没有很大起色，所以伊塔放弃了让维克多融入社会的尝试。维克多在 1828 年去世，在这之前他一直受到伊塔的管家的照顾。

像维克多那样野蛮的或者说是有兽性的孩子会不时突然出现，引发公众兴趣。一个没有家长教育或是从没与其他人类接触过的孩子会是什么样的呢？他们还能够习得语言吗？有报道称，在 1493 年，苏格兰的詹姆斯四世命人送两名婴儿到福斯湾的锚地岛让一个哑母抚养，因为他想知道如果这些孩子从没听过其他人类说话，他们会说什么语言。根据罗伯特·林赛（Robert Lindsay）的笔记，他报告数年后的情形是，“他们能说很好的希伯来语”[52]。

很明显，在几个世纪中，充满野性的孩子激发了对先天与后天教养问题感兴趣的学者们的想象。这一内容提供了很好的小说题材，比如罗德亚德·吉普林（Rudyard Kipling）在《森林王子》中写的由狼养大的男孩莫格里（Mowgli），还有赖斯·巴勒斯（Rice Burroughs）所写的《人猿泰山》。我们对这些故事感兴趣，是因为我们想知道人类的原始性情以及他们从环境中学习的东西。我们想知道，没有后天教养影响的人类是怎样的？

想要回答这个问题有一个困难，就是很多这样的案例来自贫穷、孤立的农村，所以要想获得充足的背景信息和细节是非常困难的。在 20 世纪 70 年代存档比较完整的案例中，心理学家研究了“吉妮”（Ginie），她是一个从婴儿开始就在精神病祖父位于拉斯维加斯的公寓的密室内孤单成长到 14 岁的女孩。像维克多一样，她的交流和理解能力有限，即使语言治疗师和儿童心理学家的协作努力也未见成效。

吉妮的案例被用作支持社会发展存在关键期的证据，但由于对这些孩子的初始状态缺乏了解，还是很难下确定的结论[53]。说不定他们就是因为脑损伤才被抛弃的。在回顾维克多的案例时，儿童发展专家乌塔·弗里思（Uta Frith）观察到他表现出很多严重孤独症的人格特质[54]。我们也不知道野孩子由于营养不良造成脑损伤的可能是否存在，或是有多大程度。也许缺乏社会交往所造成的伤害性后果不如缺乏由他人提供的、对正常发展必需的教养严重。然而，有些研究揭示出，生理和心理的教养对于长期的社会发展都是必需的。

因为爱而必须要做的事

回到 1990 年，一张张从婴儿床栅栏间向外凝视的小脸震惊了西方世界，罗马尼亚孤儿院事件被曝光了。在本就落后的经济环境中，许多孩子的父母因为无力养育而将他们丢弃在孤儿院。在这些孤儿院中的孩子不仅营养不良，他们还被社会遗弃，与所谓的照料者没有任何互动。

当孤儿的糟糕状况被曝光之后，很多来自世界各地的好心人来到罗马尼亚拯救这些孩子。决心给这些孩子更好未来的家庭带了 300 多名婴儿到英国。在美国，纳尔逊和他的同事们对其中的 136 人进行了研究[55]。他们的进展将会如何呢？英国心理学家迈克尔·拉特（Michael Rutter）带头研究了 111 名孩子，这些孩子到达英国时都在两岁以下[56]。这些孩子没有医疗记录，所以无法了解每一个孩子是否存在先天失调，但是研究还是得出了一些惊人一致的结果。

当孩子们到达新环境时，他们都表现出智力上的迟滞，心理学家也对他们比正常孩子明显小的头围感到震惊。然而，在 4 岁左右时，大多数损伤便消失了。他们的智商低于 4 岁孩子的平均智商，但是仍在正常智力的范围内。这些孩子似乎在很大程度上被治愈了。有些孩子会明显地做得比其他孩子好。到达时年龄小于 6 个月的婴儿与相同年龄的英国孩子没有显著区别，他们得到了完全的康复。在他们到达英国时，他们的机会之窗还没有关上。在 6 个月大之后，在孤儿院待的时间越长，孩子的恢复就越困难，无论领养家庭付出了多少努力。

这些孩子在 6 岁、11 岁和 15 岁时被再次追踪。考虑到他们发展的起点很低，这个群体发展得比预期要好，却并不是全都一样好。那些在孤儿院待了最久的孩子会开始表现出捣乱的行为，在建构关系方面有问题而且过度活跃。就像鲍尔比和其他人预期的那样，婴儿时期缺乏正常的社会依恋会给成年期的依恋关系遗留下问题。伊塔总结出 6 个月以下的婴儿可以从社交剥夺中康复，但是更大的婴儿在以后的生活中发生问题的风险更高。虽然营养不良在他们受损的发展过程中也同样产生了影响，但这不是唯一的原因。当他们对比每一个婴儿进入英国的体重时，发现这并不能预测他们的发展。这些孩子在社会隔绝中生活的时间可能起到了更大的作用。他们适应社会的能力在孤独的婴儿期受到了不可逆的损害。

你能够在没有其他人的情况下生存吗？也许吧。有些人确实孤单地生活过许多年。那你愿意这样吗？当我们是个孩子时，对他人的需求是怎样的？罗马尼亚孤儿院的研究证明，与他人交流的需求是最基本的一种需求，它能促进社会心理发展，这是我们健康成长的根本。那些幸运的、被及时营救出来并受到家庭的关心和教育的孩子，我们可以让他们从孤独的悲剧中康复。然而，令人震惊的是孤独对我们社交发展造成的永久性创伤之快。研究表明，每个人在出生的一年内都需要他人来使我们剩下的生命变得快乐。这意味着在成长过程中出现的自我意识会保留早期社会经历。

换种说法就是，人类大脑发育十分需要他人的输入，如果缺少了这种输入，就会对正常社会行为的形成造成影响。

孤独伤“心”也伤“身”

罗马尼亚的孤儿与哈里·哈洛（Harry Harlow）在 20 世纪 60 年代做的臭名昭著的恒河猴实验中的猴子有相似的反应[57]。哈洛受到了鲍尔比关于在孤儿院养大的孩子发展出反社会行为的理论的启发，但他想否定孩子出现这种现象是因为在孤儿院中缺乏背景或教养的观点。

自我实验室

为了研究这一点，他将恒河猴幼崽在完全的社交隔离中养育不同的时长。这种实验在现在是不被允许的，因为我们知道猴子与人非常相似。除了喂食和保温，这些猴子至少在生命的最初 6 个月是完全孤立的，它们发展得很不正常。它们在咬自己的时候会控制不住地来回摇晃，而且很难和其他猴子交流。当它们成为母亲时，它们会无视甚至有时会攻击自己的宝宝。

这些猴子在婴儿时期经历的社会剥夺，让它们成长为社会性迟滞的成年个体。如果它们在满 6 个月前与其他猴子相识，那么它们会恢复到有更多社交行为的状态。在 6 个月后才隔离生活的猴子受到的影响较小。很明显，猴子和人出生后都需要比食物更多的东西，它们要的不仅是温饱，它们还需要爱。如果失去了他人的爱，我们会成为迷茫的个体，无法形成作为正常的社会性动物所必需的社交行为。

社交隔离对灵长类动物的发展具有非常大的毁灭性，这是为什么呢？对于这个问题没有简单而准确的回答，我们可以对不同的机制进行推测。举个例子，早产儿会被放在一个能够为他们未发育完全的肺提供可呼吸的空气和无菌环境的保温箱里单独待上几周。他们因为出生过早，所以体形非常小，体重也过轻。然而，如果你轻抚他们，通过给在保温箱里的他们按摩来与之互动，这些最小限度的交流可以显著地促进他们的生理发育。他们会比被独自留在保温箱里的孩子在身体成长和体重增加方面快很多。从动物实验中得出的最可能的解释是，喂养和触觉的接触会刺激大脑内生长激素的释放，因为生长激素影响新陈代谢和热量的吸收，所以这些小家伙可以从他们的食物中吸收更多。

自我实验室

在美国，心理学家蒂芙尼·菲尔德（Tiffany Field）[58] 证实，每天简单地抚摸早产儿 15 分钟，10 天之后婴儿的体重会显著地增加，这些婴儿能更早离开医院，而且可以节约大概 1 万美元。这可能有点儿过于情感化，但是按摩婴儿似乎是促进健康的最经济的方式了。

除了体重的增加，大脑也会在社交互动中茁壮成长。像前文说过的，老鼠幼崽喜欢玩闹的游戏。在20世纪40年代，唐纳德·赫布[59]观察了生长在完全隔离环境中的老鼠幼崽和生长环境中有很多老鼠与之互动的老鼠幼崽，我们称后者为社交型老鼠。他发现隔离环境中生长的老鼠不仅解决问题的速度明显更慢，比如解决迷宫问题，而且它们的大脑也发展得不如社交型老鼠。社交型老鼠的大脑更重，脑皮层也更厚。如果你回忆下第1章中的示意图（图1-4），会发现脑皮层变厚是由于神经元连接的增长。所以，孤独地成长对于社会型动物来说是不利于健康的[60]。我们现在知道孤独会使人类、猴子、兔子、猪、大鼠、老鼠甚至果蝇的成长延迟，并损害其健康[61]。果蝇甚至没有多少皮层，更别说大脑了。

除生理成长之外，对人类来说，社交隔离真正的问题之一是不能与对社会了解更多的人接触。孩子需要成人的照料和关注，即使一个婴儿努力存活，没有年长且更智慧的个体在身边就意味不确定性。如果缺乏理解、控制、沟通、调节、操纵或与世界谈判的能力，作为一个个体就会很无助。没有他人的帮助，这些不确定性会产生压力和焦虑，进而对我们的身心健康产生长期的损害。

孩子不仅需要爱和关注，他们同样需要秩序和组织。他们会寻找有预测能力的成年人。矛盾的是，他们会与喜欢虐待的家长建立更深的依恋，仿佛他们的虐待是可依赖的[62]。这是因为虐待会让孩子焦虑，这种焦虑反过来会让他们更加需要依恋。这构成了爱与恨交织的恶毒而失调的循环，为成人之后的虐待关系做了准备[63]。婴儿需要能够可靠地回应他们的成人，因为他们会注意自己而且是可预测的。这就是为什么婴儿喜欢“藏猫猫”，这不仅是个游戏，它还是婴儿辨识准备好为他们投入时间和精力的成年人的方式[64]。

当然，食物与营养是至关重要的，但婴儿需要借助他人来发现自己是谁。没有他人，我们不能发展出大多数人有的自我意识，即作为一个整合的、协调的、独立存在于一个庞大社会群体的个体。知道自己是什么类型的人，有没有可能会在完全孤立地成长的孩子身上显现？我们只能猜测，在那样野蛮的环境里，会发展出非人性的自我。

婴儿天生都是模仿专家

有种说法是，模仿是一种最真诚的恭维方式。大约在婴儿 1 岁的时候，他们总会寻找模仿的机会。他们的社会脑会随着连接的激增而被渗透，总是在注视着来自他人的有用信息。经过数千年的进化，婴儿获得了通过观察迅速学习的能力，观察他人比他们自己尝试更简单也更好。

我们发现大多数人都喜欢被模仿，或至少喜欢模仿我们行为的人。你注意到人们有多喜欢这么做吗？下次在有情侣遛弯的公园或是浪漫的、有烛光晚餐的餐厅，请你看看恋爱中的人的行为。即使你可能听不到他们交换的甜言蜜语，你也可以通过两个人的相互模仿分辨出一对彼此爱慕的人，只需要观察他们的身体姿势和非言语交流即可。

复制他人的能力是人类与生俱来的最强大的技能之一[65]。从出生时开始，婴儿就是非常富有经验的观察者，能够跟随着周围的成人并且复制他们的行为。没有任何动物拥有我们天生就能模仿他人的相同能力。这种能力可能在我们进化出语言前就已经存在，因为它对传递关于工具的使用的知识非常有用。没有任何其他动物会像人类一样精明地制造或使用工具，尽管存在黑猩猩剥坚果和用小棍捕捉白蚁的个案，与婴儿自发地通过观察他人来学习相比，这依旧显得没有多少说服力。

这是因为人类生来就被设定了要去模仿。如果婴儿看到成年人对一个从没见过的事物做出新的动作，一个 1 岁大的婴儿会记住它并且在 1 周之后模仿这个动作[66]。即使成人经历了失败，孩子却能知道这个动作要达成的目的。

自我实验室

> 在一项研究中[67]，一名成年女性在对着一个 14 个月大的婴儿微笑之后，她弯下腰，用前额触碰一个盒子上的灯光开关并打开了它。当看到灯光控制箱时，婴儿也会做出相同的奇异动作。然而，如果女性的胳膊缠绕在毯子中并做出完全一致的前额触碰的动作，婴儿就不会模仿头的动作而是用手来开开关。婴儿一定是推理出，女人的手被限制住了，而她的目标只是去按开关。然而，当手不被束缚时，婴儿就会推理用前额触碰是开灯的关键。

许多动物都会模仿，但是没有动物单纯为了社会化的乐趣而这么做。模仿不是自动的反应。婴儿不是机械化地模仿看到的所有成年人的动作[68]。如果他们不微笑并且从一开始就没有赢得婴儿的注意，婴儿就不会模仿他们。而且婴儿只会模仿那些看上去知道自己在做什么的成年人。最初，婴儿会模仿带眼罩的成年人，婴儿不知道成年人看不到。然而，如果你让婴儿拿着眼罩玩一会儿，之后他们就不会再错误地模仿看不到的成年人了。婴儿知道他们不能看到任何值得注意的东西，换句话说，只有婴儿认为有值得做的事情时才会模仿成年人。婴儿甚至会模仿看上去行为很社会化的机器人。我在京都的同事庄司板仓（Shoji Itakura）报告说，如果机器人一开始看着婴儿，之后婴儿就会模仿它的动作；如果机器人没有社会化的反应，它的行为就会被忽视。通过简单地看着婴儿，机器人就会被他们认为拥有值得关注的目的性思维[69]。

猴子跟着猴子做

你是否好奇，为什么看到别人被打时自己也会退缩？毕竟，不是你在被打，但是你却模仿了他们的反应。在发现当看到他人的行为时因同情而激活，被恰当地称为“镜像神经元”的脑细胞后，神经科学家一直在研究社会模仿现象的神经基础。我们可以在头的前上方的脑皮层区域找到镜像神经元，这一区域是在计划和执行活动时活跃的辅助运动区域。

20 世纪 90 年代，镜像神经元系统最早在意大利神经生理学家贾科莫·里佐拉蒂（Giacomo Rizzolatti）的实验室中被发现[70]。我记得曾参加过里佐拉蒂早期的演讲，他解释了他和其他研究者如何将电极植入猴子大脑中，通过监控脑区活动研究猴子在准备拿坚果时的神经元激活。正如预期的那样，动物在即将拿到奖励时神经元会被激活。但是他们没有料到的是，当动物看到人类研究者在拿坚果时，相同的神经元也会被激活。为什么会这样呢？这是在猴子脑内运动区的细胞，而不是人脑内的。这就像是细胞在映射他人的行为。猴子的镜像神经元不会因人类的任何行为激活，而是仅对取得坚果的行为有反应。这类神经元似乎知道研究者的目的。关于镜像神经元是不是分化的神经元的一级的争论一直在激烈地进行[71]，但是镜像神经元确实表现出了对他人行动和他人的心理活动的共鸣。

对镜像神经元的探索，在学术团体中像野火般迅速扩展①。有些人将它们的发现在神经科学中的影响，比作像生物学中揭示 DNA 结构一样[72]。这是因为，镜像神经元似乎可以为知道他人的目标和意图提供途径。镜像神经元的运作就像是思维间的直接联系，就像电脑可以联网，这样我敲击在笔记本上的字也会出现在你的屏幕上。这种可能性是神经科学，在我们如何确立他人与我们有相似的内心活动这一工作上的一次飞跃。

如果我的镜像神经元在我看别人的动作时被激活，这是因为我的行为已经与我的思想连接，我仅需要知道我在想什么就可以知道你在想什么。

如之前提到的，如果你微笑的话我也会自动地回以微笑，这会激活我快乐的想法和好的感受。通过对你的行为的镜像模仿，我可以直接感受你所经历的情绪状态。当我们用自己的肌肉模仿某人的表情时，我们很容易达到做出那种表情时的相同情绪。这可能就是那些通过注射肉毒杆菌以减少皱纹，在注射之后造成面部肌肉暂时麻痹的人不能很好地辨识其他人情绪性表情的原因，因为他们不能模仿[73]。

镜像神经元是我们享受看电影和戏剧的一部分原因。我们看他人时自己也可以直接地体验他们的情绪。当我们对他人的情绪产生移情时，我们会体验到他们的痛苦和欢乐。在被人们称为镜反射触觉联觉症（mirror-touch synaesthesia）的情形中，在理论上个体会感受到他人的疼痛。比如，他们不能看类似《愤怒的公牛》（*Raging Bull*）那样包含拳击的影片。脑成像显示，当

① 想要了解镜像神经元从萌芽到流行的全过程，可以进一步阅读由湛庐文化策划、浙江人民出版社出版的《神秘的镜像神经元》中文简体字版。神经科学家格雷戈里·希科克在书中提出了对镜像神经元的质疑，带来了与众不同的新观点。——编者注

这些个体看其他人时，他们关于触觉的镜像系统会过度激活[74]。另一个被称为前脑岛的区域也会被激活，这个区域在我们区分自己与他人时会活动，所以这些个体很难分辨什么是发生在自己身上的，什么是发生在别人身上的。

根据触觉症专家杰米·沃德（Jamie Ward）的说法，只有百分之一多一点的人会得镜反射触觉联觉症，但是我们中大多数人会在回避看到他人受伤害时有缓和的感觉[75]。他人的情绪表达，能够激活我们在创伤经历中激活的相同情绪回路。这是催人泪下的影视作品受欢迎的原因，它们能够直入当我们感到悲伤时激活的同一脑区。电视剧制作人在几十年前就了解到了这一点，他们会运用录好的笑声来推动观众产生相同的反应，因为笑声是具有情绪感染力的。当其他人这么做时，我们也会情不自禁地跟着笑。如果有录影棚现场观众在亢奋中的大笑点缀，效果会更好。

镜像神经元同样可以解释其他方面的社会行为，包括我们的模仿倾向，即人类自然而然地无意识地复制其他人的动作和行动的行为。当人们在排队时，他们会与他人保持相等的距离，而且常常会采取相同的姿势。坐在摇椅里的人，在互相看着对方时会不自觉地越摇越同步[76]。在谈话中，人们会交叉或不交叉他们的肢体，同步地模仿所有其他人做动作的方式。值得一提的是，同步的前提取决于他们是否意见一致。我会在第 6 章中更深入地讨论这个例子，因为模仿在我们如何回应我们认为与自己相似或不同的人上有着重要影响。

那么打哈欠呢？你有没有在看到别人张开嘴大声打哈欠之后，也不自觉地有强烈的打哈欠的欲望？我们中一半的人在看到别人打哈欠之后也会打。没有人确定我们这个物种为什么要这么做。一个理论解释说这是在帮助我们的生物钟同步。然而，一个更有趣的解释可能是打哈欠也是情绪蔓延的一种形式，就像迅速传播的疾病，我们抓住模仿他人的机会，仿佛这是一种可见的将我们与他人连接的方式。这也许解释了为什么打哈欠的传播不会出现在幼小的婴儿身上，但是在儿童3~4岁时，对其他人同样有思想的意识越来越清晰时就会发展出来了[77]。

那么呕吐呢？看到一个人难受时也会引发他周围的人不自觉的窒息感。在电影《伴我同行》（*Stand By Me*）中，戈迪（Gordie）在篝火会上讲述的关于呕吐的故事是有一定真实性的，故事中的主角胖子在乡村吃派大赛中引发了混乱的呕吐。仅仅看到不是最糟糕的，在一些调查中发现，声音才是人们觉得最糟糕的，人呕吐时的声音被认为是最恶心的声音[78]。这样的情绪传播，是一种从别人那里了解什么东西吃起来是安全的这一重要信息的有效方式。总而言之，我们认为什么东西是令人恶心的会被周围的人影响。仿佛我们所有的系统生来都是要关注他人的，是为了与他人的经历产生共鸣而存在的。

在我们微笑、痛苦、打哈欠、退缩、摇头、点头，以及简单地与他人同步和模仿他人时，这些行为中有多少是出于自主的自我，独立于他人的呢？当然，在我们注意到这些镜像行为时，我们可以抵抗做出它们的冲动，但是这不是关键。一般情况下，与他人同步是我们的天性，这也是上面这些例子展现了我们固有的对他人产生依赖的原因，这是自我幻象的一部分。这些发现揭示了外在的全面主宰，外界因素通过竞争来控制我们。如果我们想抵抗，那么我们可以通过运用努力或可选的行为达到目的。有些人认为自我是处于控制地位的，它是一个拒绝做团体中其他人想做之事的代理人。

而我认为，第一，我们虽然能够拒绝他人的影响，但是这不是我们的天性。第二，我们中的大多数会采取新的行动来获得不同的结果，但是这只是对内在状态和驱动力的调整。我们常常会这么做，却不总这么做。

模仿使我们与他人形成了亲密关系。但是想象一下，如果你模仿遇到的每一个人会发生什么呢。想象一下，如果你不能重新采取行动并让自己停止模仿别人会怎样呢。每个人会做不同的事情，不停地模仿他们会很快让你崩溃。你会失去自我，因为你已经被其他人的身份所取代了。神经病学家奥利弗·萨克斯（Oliver Sacks）曾描述过一个他在纽约街头见到的女人，她会强迫性地模仿每一个走过身边的人。这个女人已经60多岁，她模仿着每一个路人的动作和表情，每一次模仿只持续一两秒。每一个回应她的人都带着明显的愤怒，而反过来这些表情也会被模仿回去，使得她的表现更加荒唐。在这个女人走向一条胡同时，萨克斯跟上了她：

> 这个外表非常虚弱的女人，被迫惊人地快而简短地模仿了路过她的四五十个人的全部手势、姿态、表情、行为等所有他们表现出来的内容。她上演了一次哑剧的回流，其中占据了她身体的50个人的身份喷涌而出[79]。

这个不幸的女人患了严重的妥瑞氏综合征（Tourette's Syndrome），其病症就是具有不由自主的动作、思想和行为。我们可以在没有意识到自己在做什么的情况下主动模仿别人，然而对她来说，模仿变成了一种强迫。幸运的是，妥瑞氏综合征是一种罕见的病症，但是它揭示了人们需要调节自己的行为以便让社会接受。一般来说，当我们有强烈的欲望时，我们可以自发地进行控制。我们可能不会意识到，但是我们一直在与冲动和欲望斗争，如果不加抑制，会使我们变得不被社会接受。大多数人都对他人有过不被社会接受的想法，但是这些想法一般都只能让自己知道。试想，如果你将所有的想法都公之于众的话，生活将会多么困难。

这可能会形成强迫性的观点，但所有恶毒的想法都会让社会的惯例分崩离析，这就是为什么我们要在公众面前控制自己。这种控制是大脑前部通过抑制调整和协调行为来达到的。这些位于额叶的区域是最晚发育成熟的脑区，因此小孩子之所以总是表现得冲动任性，是因为他们还没有学会控制自己的欲望。

对妥瑞氏综合征的患者来说，在他们发育的某一阶段，关于冲动控制的某些方面出现了问题。他们的痉挛症状似乎是自动激发的抽搐。一些抽搐只是简单的抽动，但另外一些就是更加复杂的和分裂性的，比如秽语症，即存在想要说出污秽言语的欲望。我们中的很多人在很多场合会控制住想破口大骂的冲动，但一些妥瑞氏综合征患者却无法抑制这种冲动。影响抑制性神经递质活性的药物可以减缓很多痉挛症状，但是迄今为止也没有治愈妥瑞氏综合征的方法。患者必须要与控制他们的抽搐打一场持久战，而且这些斗争在他人在场时会很激烈。随着在公众场合正常地做出行动的压力增大，痉挛的欲望成了永远不能挠的痒，你越想让它停止，欲望就越强烈，就像准备打个喷嚏一样。毫无意外，社会接触对他们来说是极具压力的，当妥瑞氏综合征患者想要在人群中控制他们自己时情况会变得更糟。我想，我们中的很多人在社交场合都有这些压力，但是为什么会这样呢？

我想答案与妥瑞氏综合征患者面临的问题相似。当我们在公共场合变得有自我意识时，他人的存在就会激发我们的紧张情绪。我们觉得自己在被控制、被评价，这让表现得正常变得更重要。恐惧反过来又会让紧张更甚。

当我们的紧张感增加时，我们就失去了对冲动和欲望的控制能力。

如果自我意识不是来自他人，那它是来自哪里呢？婴儿不是生来就有自我意识的，毕竟，如果他们连排便行为都不能控制又怎能知道自己是谁呢？在童年的某个阶段，我们开始发展出自我同一性和自尊。在我们探索自己是谁时，我们开始根据他人的想法评价自己。获取他人的尊重和社会的接纳，或许是我们最主要的任务之一。但是，你可能会质疑，如果不是自我，谁在控制这些反社会的思想和行为？答案是他人不仅能够激发这些反应，同时也会抑制表达它们的需求。如果只有我们自己，我们便不需要适应环境，但是我们没有进化为独立生存的物种。

早期的社会发展从模仿他人开始，随后我们在一生中继续着这种做法。自我的幻象确保我们既能觉察模仿他人的程度，又觉得自己没有在刻意地模仿。当我们表现得社会化时，我们认为是自己在命令和操控，但是这种自主的想法只是幻象的一部分。我们比自己期望的更依赖他人。我们希望成为团体的一分子，而反过来，这意味着我们必须控制自己的举止。我们不能仅做自己想做的事，而是要被他人接受。我们希望被他人评价，而在完成这个与自尊有关的强迫观念之前，我们必须要能够估计别人是如何想我们的。这需要我们发展对他人想法的意识和鉴别能力，而这需要一些经验和技术。

The Self Illusion

第3章

镜中的自我：我是周围人定义的我

在 2001 年上映的电影《超级名模》(*Zoolander*) 中，男主角德里克·祖兰德 (Derek Zoolander) 在事业摇摇欲坠后，看着人行道边的泥泞水坑里自己的倒影问道："我是谁？" 为了回答这个问题，他决定开始回家的旅程。这是一个关于自我发现的老套故事，我们在寻找自己是谁的过程中，总是会跟着线索回到童年。大多数人，包括超级名模，都有这种原始的观念。我们认为，自己是在从童年到成人的时间轴上行进，被生命事件标记，并被路边的人影响，从而被塑造成了现在的样子。

我们的自我存在于映射中，它是一个容纳我们的世界。在 1902 年，美国社会学家查尔斯·霍顿·库利 (Charles Horton Cooley) 创造了一个术语 "镜中自我"(the looking glass self)，来表现自我是经过周围人反映的观点所塑造的[1]。人们通过改变自己来适应他人的看法，而看法因人而异也因环境而异。配偶、家人、上司、同事、情人、崇拜者和街边的乞丐，我们每一次与他们交流时他们都拿着镜子，我们也会表现出不同的自我。每一个人或群体都会认为他们了解我们，但是他们做不到，因为他们没有参与我们所处的所有不同环境。名人们经常悲叹，他们抱怨自己在公众前展现的人物角色根本不是他们私下里的真实个性。不仅如此，库利认为根本没有独立于他人创造的那个身份而存在的真实身份。我们是周围人的作品，或至少是我们认为他们希望我们成为的样子。

他用饶舌的逻辑对自我幻象这个概念进行了总结：

“我不是我以为的我，我也不是你以为的我，我是我以为你以为的我。”

细想一下由库利的镜中自我衍生出的不同问题和含义，我们起初是如何发展出自我意识的？孩子是如何发展出对他人想法的理解的？更重要的是他们对这些想法是怎么想的？这在最艰难的青春期，当孩子们试图找到他们真实的自我时一定是非常重要的。我们的身份是怎样被性格通过生理与文化的模板在身上施加的影响塑造而成的？所有这些问题，都在反思自我是由周围的人来定义的这一观念。

镜子错认：当你认不出镜子里的自己时

当德里克·祖兰德看向水洼时，他看到了一张惊人好看的面孔，他迅速知道了是谁在反射的影像中看着自己。然而，这种看似微不足道的认出自己的能力却不是每个人都拥有的。随着年龄增长，脑死亡可以逐渐摧毁我们认为理所当然的日常功能，也包括制造身份意识的那些。TH 是一个 77 岁的澳大利亚人，他照镜子时会说镜子里有一个与他十分相似的老人在看着自己，但他一定是另一个人[2]。TH 拥有正常的智力，也并非精神不正常，但是他不能分辨出镜子里的人就是他自己。当被问到镜子里的老人来自什么地方时，TH 回答说他一定是一个住在联排房里的邻居。他虚构了一个奇异的故事来配合镜子里的陌生人的经历，而事实是 TH 患有一种罕见的神经方面的疾病，叫作“镜子错认”（Mirror Misidentification），这种病的患者不认为镜子里的映像是他们自己。他们可以看出相像的地方，但是不会认为那是自己。在这些人的大脑中，面孔加工环路中的一些部分无法登记他们的外在特征，也就不存在一闪而过的熟悉感。

镜子错认是感知分离失调的一种，患者会觉得自己与现实没有联系。在他们心中，对于自我和身份的意识是扭曲的。有时这些人甚至相信他们已经死了，他们周围的世界和所有他们的经历都是幻象。这种死亡幻象被称为科塔尔综合征（Cotard’s syndrome）[3]，它非常罕见，但我从一个父亲患此症的同事那里了解了一些信息，他描述说那就像是生活在虚构的世界中，没有什么东西是真实的。对此时此地的真实体验是对周围环境清醒认识的一部分，但是像科塔尔综合征这类分离失调症状提醒我们，我们需要健康的大脑才能与现实保持接触。有时我们会有分离或人格解体的经历，我们会有种不真实感和与自我分离的感受，症状包括梦境状态、失去共情、意识与身体分离等[4]。那就像我们在玻璃后面看着自己在表演一出戏。这种现象惊人地普遍。虽然结论不一，但至少 3/4 的人在生活中有过这样的体会，特别是在紧张的生活事件之后。超过一半的野战部队队员服役期结束后都经历过人格解体。

显然，如果大脑失调和紧张的生活事件会扭曲自我的个人经历，例如让个体觉得自己不再是真实的，那么这些事件首先揭示了自我的脆弱。

镜子错认可能不像我们所想的那样罕见。我们中的很多人在看到镜子里的脸时都有过一瞬间觉得那不是我们自己，特别是当我们处在一些歪曲现实的毒品作用下的时候。同时，催眠状态下也可以引发镜子错认[5]。但是，你不一定非要在堕落或意识状态改变的情况下，才能体验暂时的自我意识和映像的分离。

跟我一起做

你可以试试这个，在天黑时将房间里的灯调暗，最好将其关上，只点亮一支蜡烛。现在认真看镜子里的自己，凝视映射出的眼睛，细看你的面孔。一两分钟之后，你就会体会到奇特的感觉。你会开始经历人格解体。盯着镜子看一会儿后，大部分人都会看到自己的脸开始变化，不再像他们自己而更像是一个陌生人[6]。无论我们看着镜子时感受到的自我是怎样的，当我们贴近观看时，它是很容易被瓦解的。

就此而言，婴儿和动物第一次看到他们自己的映像时会做什么呢？根据查尔斯·达尔文的观察，伦敦动物园的猩猩不能从镜子里认出自己，心理学家戈登·盖洛普（Gordon Gallup）[7]发明了一种测试动物自我意识的方法。在动物们睡觉时，在它们的前额上轻拍一些没有气味的口红，然后观察当它们醒后看到镜子里的自己时的反应。如果动物意识到它自己的外表有点儿奇怪，盖洛普则会认为它具有自我概念，即对于自己是谁的概念。

图 3-1　18 个月左右大的人类婴儿能够通过镜子测试

盖洛普发现，很多动物包括成年猿类都可以识别自己，因为它们试图擦掉化妆品，但是其他动物却不会这样。许多其他研究显示，能够通过镜子测试的动物是那些在社会群体中生存的物种。令人吃惊的是，人类婴儿在出生后第二年才能在镜子测试中认出自己[8]。在此之前，他们会一直把镜子里的婴儿当成另一个人。实际上，小婴儿在把镜子里的人当作另一个婴儿时，是在经历镜子错认。有些人认为，如果婴儿不能对镜子里的人进行自我识别，那么他们就还没有建立起对于自我的意识[9]。

回忆是改造的故事

为什么我们不记得自己还是个婴儿时的样子？为什么我们不记得婴儿期的自我？你最早的记忆是什么？如果你像大多数人一样，最早的记忆往往是在 3 岁或者 4 岁间，而且是很不完整的。总是有少数人会说他们能够记得从出生开始的事情，包括从产道滑出，然后被助产护士拍打屁股。大多数人两岁之前没有记忆，而且即使有，那时的记忆也是零碎的、不连续的[10]。并非是你忘记了婴儿时期的事情，只是在那时你还不是“你”，因为那时还没有建立自我，所以你无法体会当时情景下经历事件的人的感受。你可以在照片中认出自己，但是你不能再回到曾经那个蹒跚学步的孩子的内心。为什么会这样？

是流逝的时光让记忆的印记像泛黄的照片一样磨损了吗？似乎并非如此。口齿伶俐的 12 岁孩子也一样不记得他们婴儿时的事情，而一个 40 岁的人可以在近 30 年后记得他们 12 岁时的事情[11]。这不会是记忆的缺陷，因为时间已经过去了很久。那是因为婴儿在一开始就没有形成记忆吗？没有形成记忆的能力，你的自我意识就会存在明显的缺陷。这种缺陷发生在了克莱夫·韦尔林（Clive Wearing）的身上，他是剑桥大学杰出的音乐学家，在 1985 年被疱疹性脑炎击溃。单纯性疱疹病毒一般只会引发感冒疮，但是在克莱夫身上，它渗透了大脑的保护组织，导致了肿胀以及对脆弱的海马的侵袭，而海马是神经回路对记忆进行编码的区域。他最终在脑炎中存活了下来，但是得了严重的失忆症，他不能记得前一个时刻刚发生的事情。在德博拉·韦尔林（Deborah Wearing）2005 年的回忆录《永远的今日》（*Forever Today*）中，她描写了丈夫克莱夫饱受折磨的境况：

> 每一个醒着的时刻似乎都是刚刚醒来的一刻。克莱夫一直处于刚刚从无意识中清醒的不变的印象中，因为在他的记忆中没有之前清醒过的证据……“我没听过，没看过，没摸过也没闻过任何东西，”他会这么说，“就像是死了一样[12]。”

也许克莱夫的病情最痛苦之处就是他还记得之前生活的零星碎片，而且知道德博拉是谁。每次看到她时，他就会像久别重逢的情侣一样哭着跑向她的怀里，实际上她只是短暂地离开了房间。失去了存储新记忆的能力之后，克莱夫永远地困在了当下。他坚持记日记，试图记录发生的事情，但这些日记读起来让人很痛苦：“下午 2 点——我第一次醒来。下午 2 点 14 分——我现在有意识了。下午 2 点 19 分——刚刚起来。”每一条之前写的都会被划掉，因为他坚信他是刚刚才有意识的。德博拉讲到，有一天她发现克莱夫一只手拿着巧克力，另一只手像在练习魔术一样重复着盖上再移开的动作[13]。每一次他移开手，都会对巧克力的外观感到惊奇。对克莱夫来说，失去了存储新记忆的能力之后，看不见的东西就不在思想里。

儿童心理学家让·皮亚杰（Jean Piaget）认为，婴儿在生命开始时都是像克莱夫一样的，记不住任何当下注意之外的东西。他认为，婴儿缺乏对周围世界形成永久记忆的能力[14]。然而，我们现在了解到皮亚杰的观点并非完全正确，因为婴儿是可以形成记忆的。在子宫中的胎儿就在学习，这需要他们通过脑神经网络来形成记忆。过去 30 年中，在婴儿身上进行的数以百计的要求他们保持记忆的实验中，我们发现婴儿的记忆可以令人惊奇地保留下来。例如，3 个月大的婴儿在学习了通过踢腿，来让绑在脚上的带子另一端的物体运动后，1个月后还能记得这段经历[15]。如果你将他们带回实验室，他们会比从没接受过训练的婴儿更快开始踢腿。因此，认为婴儿没有记忆是不对的。然而，无论他们记得的是怎样的内容，都不会成为他们长大后不停复习和回忆的关于自我的故事的一部分。

当然，问题是婴儿形成的是什么类型的记忆？一个可能性是婴儿只有回到相同的场景下时才能唤起对事件的记忆，这就是他们能够学习并记住之前遇到的事物的原因。

自我实验室

1999 年，研究记忆的学者联系了 12 名曾参加过一个记忆测试的学生，在测试中这些学生被要求看一些图片的碎片 1~3 秒，现在研究者要测试他们是否仍旧记得这些内容。虽然他们只看了很短的时间，但学生们依然能够认出这些图片。一开始，你可能会觉得这没什么好惊奇的，但是 1999 年已经距离第一次做这个实验时 17 年了！这些学生在那时已经是成年人，过着忙碌的生活，有的甚至已经不记得在 1982 年时到明尼苏达大学做过这个实验。然而，原先的经验在他们的记忆网络中的某处还留有痕迹，因为他们能识别出没有看过的图片[16]。

虽然克莱夫·韦尔林似乎还有学习能力，但是他无法记起他曾经学习过。这就像无意识知识。克莱夫和小婴儿可能都不具备有意识地记起或回顾过去经历的能力。与他们不同，我们中的大部分人都可以通过让我们思维中的事件再现来回忆起昨天的早餐吃了什么。那需要一种不同的、被心理学家称为“情境”的记忆，这是一种反映生活中的节点情节的实际经历的记忆[17]。这些情节的记忆，对组成我们自我的故事和那些非常私人的自传体记忆是有决定作用的，自传体记忆涉及那些我们可以回忆起的自己作为主角的事件[18]。可能有人会忍不住假设我们的自传体记忆都是精确的回忆，但是和所有记忆一样，它们与照片或录音是有区别的。心理学中最大的一个发现就是，人类的记忆是可以重建和塑造的。我们不会将自己的经历像影像资料那样录下来存在脑海里，因为我们的记忆银行中没有微缩胶卷。

记忆总是活跃的，就像一个被一遍遍讲述的故事。此外，当我们遇到相似的新经历时，我们会将它们编入已经存在的记忆中，这些记忆就会因新的经历而变形。我们总是在将此时此地与过去整合。

跟我一起做

请你思考一下下面这个有力的实证。现在，请阅读下面这个由 15 个单词组成的列表，并尽可能地记住这些单词。请在记每个单词时花费几秒钟以便更好地记住它们。

细线	别针	针眼	缝纫	尖的
针尖	刺破	顶针	草堆	荆棘
疼痛	打针	针管	布料	编织

现在，请翻到本章的最后回答问题，看看你的记忆力有多好。

大多数人通不过这个测试[19]，但是他们都很确定自己的答案是正确的，这令效果更加地戏剧化了。为什么我们中的大多数人会非常确信却又错了呢？

我们前面提到的神经网络，显示了信息是如何通过神经元网络的激活模式被存贮的。你对没有出现的单词的错误记忆，源于它与列表中出现的单词的意义的相关性。在加工语言和意义的神经网络中，这个你认为遇到过的词汇的表征模式，是作为被并行加工和编码的列表中的所有其他词汇的一部分而被激活的。当你考虑到记忆经常在神经元中更新时，那么我们可以清晰地记得任何事就是不平常的了。

在 1932 年，少数获得骑士勋章的心理学家之一、英国心理学家弗雷德里克·巴特莱特（Frederic Bartlett）证明了记忆并非是对过去事件的精确复制，而是被改造过的，就像故事一样[20]。与传声筒游戏相似，故事每被讲一次，就会有所变化。实际上，只需通过问一些有导向性的问题就可以建立起完全错误的记忆。

自我实验室

在人类心理学最有影响力的一个实验中，伊丽莎白·洛夫特斯（Elizabeth Loftus）揭示出，如果你向一个成年人展示一段车祸视频，然后问他们一些有导向性的问题，比如，“白车闯红灯了吗？”成年人会正确地否认在车队中有白车[21]。然而，如果几周之后让成年人再次复述这段视频，他们更容易说出看到有一辆白车闯了红灯，虽然这在录像中不存在。现在，当初仅仅在问题中出现的白车已经被他们合并到记忆中了。对记忆编码的神经网络，被原本应对白车和红灯是否存在的记忆进行审查的神经网络激活污染了。与之相似，如果告诉孩子他们曾有一次被丢在了购物中心，孩子们可以对情景进行生动的回忆，即使这并未发生过[22]。

对记忆的虚构不仅限于年轻单纯的群体。皮亚杰曾描述，当他是个孩子的时候曾被人试图诱拐。多年以后，他还对他的奶奶如何将诱拐者赶走有着生动的记忆[23]。然而，他的奶奶最终因内疚折磨而承认是她编造了整个诱拐的故事，好让皮亚杰的父母觉得亏欠了她。一个研究显示，让一半成年人看伪造的他们小时候乘热气球的照片，他们可以回忆起这个虚构的事件并且能讲得很详细[24]。虽然伊丽莎白·洛夫特斯是世界上虚假记忆的权威，她自己也无法对它们免疫[25]。当她只有 14 岁时，她的妈妈在游泳池中淹死了。30 年之后，她的舅舅在一个生日聚会上提到是洛夫特斯发现了她妈妈的尸体。在之后的几天中，对那个糟糕时刻的清晰记忆如洪水般袭向了洛夫特斯，只可惜这些记忆是假的。她的舅舅犯了错误，实际上并非洛夫特斯发现了她妈妈的尸体，而是她的舅妈发现的。之后，洛夫特斯说道："最令人恐惧的是，我们全心相信的事情不一定是事实。"

记忆就像肥料堆

我们都知道我们会忘记事情，却发现完全虚构的回忆是另外一件事。这很令人震惊，因为它会让我们质疑我们的思想。如果我们可以生动地回忆起从没发生过的事情，那么记忆的可信性、我们基本的真实性都被破坏了。这是因为知道我们自己的想法并识别我们的记忆是自我幻象的一部分，但我们经常犯错。我们觉得错误记忆令人震惊的原因，是大多数人不知道记忆是如何工作的。心理学家丹·西蒙斯（Dan Simons）和克里斯·查布里斯（Chris Chabris）最近调查了 1 500 名美国成年人，他们发现了普通大众关于记忆的最基本的错误理解[26]。大概 2/3（63%）的成年人认为记忆就像录像机一样工作，记录下的经历之后可以被回放。一般的回答者认为，一旦记忆形成就不可改变，也是值得信赖的。这些错误信念，导致了与其他能够进行永久性存储的信息存储方式的比较。人们经常将人类的记忆比喻成保存信息的巨大博物馆，这是不对的。人类的记忆既不像电脑的硬盘，也不像工业化以前刻下经历印记的石板。

如果想用比喻来描述记忆，那它更像是一个永远在变化的肥料堆[27]。就像你堆在肥料堆顶部的花园废物一样，最近贮存的记忆保留得更细节化、更结构化，但是，随着时间流逝，它们会渐渐地分解，混入其他的经历中并被整合。一些事件因为很突出，所以需要很长的时间来分解，但是这毕竟是少数。回忆的线索会逐渐变得支离破碎。当提到记忆时，丹·西蒙斯提醒我们："人们倾向于对记忆的精确性、完整性和生动性寄予比实际更大的信任[28]。"

我们的自我幻象与个人记忆有太多的相互编织，当我们回忆事件时，我们认为自己在从过往中提取一段可信的情节，就像打开相册看拍摄的瞬间的情景一样。如果我们后来发现这些情景从没发生过，那么我们的整个自我就会陷入疑问中。这是因为，我们对自我是一个可信的故事这一幻象非常坚信。

为什么大多数人没有两岁之前的记忆

根据菲利普·K. 迪克（Philip K. Dick）的杰出作品改编的好莱坞电影《宇宙威龙》（*Total Recall*）中有这样一句话："我们可以帮你恢复全部记忆[29]。"阿诺·施瓦辛格（Arnold Schwarzenegger）在其中饰演了道格拉斯·奎德（Douglas Quaid），一个火星殖民地的自由捍卫者，他的大脑中被植入了地球建筑工人的虚假记忆。这部电影[30]讲述了一个情节充满曲折和转折的故事。使之与自我的讨论相关的，是奎德的身份会随着他的记忆内容的变化而异。这也是为什么伊丽莎白·洛夫特斯在发现自己拥有虚假记忆时如此惊骇。这证明，我们并不是我们所想的自己。我们的身份是我们记忆的总和，然而人们发现记忆是不固定的，可以由周围环境更改，有时甚至是虚构的。

这给我们留下了一个很明显的悖论：缺乏自我意识，记忆就没有意义，但自我却是我们记忆的产物。

这可能是婴儿期自我没有记忆的原因。当还是婴儿时，我们没有整合自己的经历以使之成为有意义的故事的能力。那时的我们没有世俗知识，更重要的是，我们没有关于自己是谁的概念。我们没有原始的自我意识来整合经历，那需要世俗经历，特别是从花时间陪伴我们的人身上学习。在两岁左右，孩子开始与家长产生关于过去事件的对话。在 2~4 岁之间，如果孩子的父母花很长时间与他们说话并讨论过去的事情，当他们 12、13 岁时，就会拥有更好的记忆力。家长通过搭建孩子的早年经历，可以使孩子将他们的经历整合成有意义的故事。这是因为我们更容易记住我们作为主角的、与我们相关的故事。成年人可以运动经历与情景将事件整合，使它们对孩子有意义，并在他们的头脑中被更好地编码和存储[31]。我们从数十年的心理学研究中知道的一件事是，意义和情境能够提高记忆。

这是马克·豪（Mark Howe）所认为的未通过盖洛普镜子测试的孩子缺乏自我意识的原因。因为没有什么有意义的印象，所以他们的记忆是不连续的事件[32]。为了使记忆拥有意义，它们必须要植入自我中。然而，研究自我发展的菲利普·罗查特（Philip Rochat）认为，人类的镜子测试实际上是衡量人在考虑他人时的自我意识[33]。他给出的理由是，如果一个 18 个月大的婴儿不会因为自己在他人眼中的样子而烦恼，就不会对鼻子上的红点有反应。大概两岁时，孩子才会更关注自己的外表和在别人眼中的样子。

这种自我觉察的观点，可以解释为何在使用口红的镜子测试中令人惊奇的发现并非是普遍性的。

自我实验室

> 在一个对肯尼亚 2~7 岁儿童的研究中，罗查特发现，在 104 个孩子中，只有两个孩子在照镜子时移开了之前偷偷贴在他们前额的贴纸。这是为什么呢？一定不是因为他们不能识别镜子里的自己，他们拥有充足的时间在镜子前看自己并进行修饰。罗查特认为他们与美国的被试不同，肯尼亚的孩子不知道在这种与众不同的条件下应该怎么做。他们不知道自己应不应该将前额上的贴纸摘下来，因为这是到村里来访的陌生西方科学家贴的。

这是一个对盖洛普镜子实验解释的令人惊奇的转折。也许通过镜子测试并非是衡量自我意识的必要条件，而更像是测量他人在场时的尴尬程度。镜子测试说明，你会更关注别人对你的看法。然而，在你拥有自我意识之前，一定要理解别人对你是有看法的。你需要对自己是谁有一个概念，这样才能将这个自我与他人对你的预期相比较。在你明白他人对你的预期之前，先要了解他人心里的想法。

心理理论：你知道我在想什么吗

如果我们在意别人如何看我们，那么我们就需要明白别人心里在想什么。我们需要知道他们所想的内容，因此就要发展出“心理理论”（Theory of Mind）。这个术语是由大卫·普瑞马克（David Premack）创造的，他想知道黑猩猩是否能够明白他人也有思想以及可能的思想内容[34]。

大多数人会认为人们做事情是因为他们想这么做。换种说法就是，他们拥有关于目标与意图的信念来驱使他们的行动。这是我们很熟悉、放在人类身上也适用的观点，但是有充分的证据证明，这种能力需要时间来发展，而且可能不是所有动物都具备这种能力。

动物可以对人类和他们的动作投以注意，但是它们能否明白其他动物拥有支配动作的心理这一点尚不明确。动物不会与主人有社会性动作的交流，比如模仿。你是否记得那只叫宾提（Binti）的母大猩猩，她于 1996 年在芝加哥附近的动物园里保住了那个掉入关她的笼子内的孩子的性命。我们很吃惊地看到这个野生动物小心地抱起 3 岁小男孩柔软的身体，然后将其转移到了门口，这样护理人员就可以够到他。全球媒体很快对宾提投以了关注，但是他们不知道，宾提之前一直在被管理员训练着将娃娃捡回，以便为她怀孕生子做准备 [35]。

即使是我们的灵长类近亲黑猩猩，它们在野外观察中的行为也与我们相差甚远。珍·古道尔（Jane Goodall）是一位著名的灵长类动物学家。她观察了一只叫“派森”（Passion）的黑猩猩，它沉迷于在自己孩子的帮助下绑架其他小猩猩。尽管我们有拟人化倾向，即对动物进行人类特质的归因，但我们仍是一个独特的物种，因为我们拥有对他人复杂的心理状态进行预测的能力，这种能力在日常社交中是很平常的。

这种能力出现得很早。有充足的证据证明，人类婴儿在进化中已经提前适应了搜寻其他人并且与他们互动 [36]。比如，婴儿会对他们正在看的东西投以注意，因此他们明白看和动作之间的联系，即人们会想要他们看着的东西。如果成年人注视两个玩具的其中之一，但却拿了另外一个他们没有看过的，婴儿会很惊讶 [37]。我们看的地方表明了我们兴趣和欲望的关注点，这是婴儿靠直觉就能明白的事情。

人们的表情通常是暗示他们想法的好线索。给一个 18 个月大的婴儿花椰菜和饼干，他们通常会选择饼干，因为饼干对婴儿来说比花椰菜更好吃。然而，如果他们看到一个成人在看到饼干时皱了鼻子，并对蔬菜做出微笑且展现出好吃的表情之后，当成人让婴儿给他们递食物时，婴儿会知道要给成人花椰菜[38]。该研究表明，婴儿已经可以通过表情识别成人喜欢什么。

但是这种对人的观察并不真的需要心理理论。喜欢和讨厌可以通过人们是微笑还是皱眉简单地分辨出来。我们人类一直在寻找能表现好恶的外显行为，动物也同样如此[39]。很多养宠物的人可以证实，动物会学习识别主人是生气还是开心，但是这不需要真正理解主人的心理。当然，为了证明我们的确知道别人在想什么，我们必须知道他们什么时候是错的或是有了错误的信念[40]。信念是我们认为正确的想法，但是有时候信念本身可能是错的。如果你可以理解有人相信了错误的信念，就可以想象他们在想什么，即使他们的想法实际是错的。拥有理解他人错误信念的能力，意味着一个人达到了了解他人世界观的很高水平。例如，如果你给我一个糖果盒子问我里面装着什么，那么我很可能说里面装的是糖或甜点，这取决于我在哪个大洲。然而，如果你打开它让我看见里面实际装了铅笔，那么我会意识到我犯了可以理解的错误。3 岁的孩子也会犯这样的错[41]。毕竟我们没有透视眼。但是如果你现在让我想象我的邻居被问到这个问题时会怎么回答，我知道他也会犯我之前犯的错误。因为，我可以理解他也不知道盒子里到底是什么。与此形成对照的是，一个 3 岁的孩子会认为别人也知道盒子里是铅笔然后回答“铅笔”。他们不理解其他人也会得出对盒子里有什么的错误结论，即有相同的错误信念。在 4 岁后，大多数孩子就会明白人们为什么在被问到这一问题时会回答“糖”。

心理学家认为，小孩子在一开始是缺乏理解他人错误信念的心理理论的[42]。他们似乎很难从别人的角度看问题。

自我实验室

> 在一个经典实验中，孩子会看到一个叫萨莉的娃娃在出门前把自己的弹珠藏在碗柜中，她走了之后，另一个叫安妮的娃娃进来，拿走了萨莉的弹珠并将其放在厨房抽屉里。当 3 岁孩子看这个情景剧时，会认为萨莉回来后会直接在厨房抽屉中找弹珠，但 4 岁的孩子则说萨莉会去检查碗柜。显然，在孩子理解人们可能持有错误信念后，你可以借此让他们相信一些本不是事实的事情。

当你思考为何会有那么多骗人的假象时，就能够理解理智的心理是多么有用的工具。你可以通过引导人进入错误的思路来以智取胜。

未进化完全的心理理论也解释了为何孩子总是撒谎失败。一开始，当一个孩子意识到自己将要因为偷吃蛋糕而被责骂时，他们只会回答没有，即使他们脸上还留着巧克力的残渍。后来，在孩子变得更加世故之后，他们会编一个自己脸上出现巧克力痕迹的故事，当然了，这肯定是别人的错。

心理理论的确是心理观点采择的一种形式，即从他人观点的角度理解事情，类似“他认为她是这么想的”这种。为了做到这一点，你必须要能够跟随发展心理学家艾莉森·高普尼克（Alison Gopnik）[43] 所说的“反事实思维，即生活中的‘应该—也许—将会’”。反事实思维让你能够想象不同的情节，比如基于你现在的知识，预测将来的人会做什么。这是我们对其他事情的预言，但为了实现它，我们必须要运用心理机能来创造不同可能性的结果，并在脑中预演。

心理观点采择经常在社会竞争的情境下发生，因为你需要预测别人

下一步要做什么。这或许可以解释，为什么心理理论在有兄弟姐妹的婴儿身上出现得更早[44]。在兄弟姐妹间，保住地位的战争是永恒的，这意味着孩子要在兄弟姐妹中以智取胜。

心盲与孤独症

并非每个人都能发展出心理理论。神经科学家克里斯蒂安·凯泽（Christian Keyser）[45]在他的书《移情的大脑》（*The Empathic Brain*）中描述了他和一个年轻学生的见面，学生名叫杰尔姆（Jerome），正在攻读理论物理学博士。他的同事布鲁诺·威客（Bruno Wicker）在杰尔姆进入房间时简单介绍了克里斯蒂安，杰尔姆声音很平淡，从不看克里斯蒂安的眼睛。

> 布鲁诺："我们想问你一些事情。"
> 布鲁诺给杰尔姆看了一个丹麦曲奇的盒子。
> 布鲁诺："你觉得这个盒子里是什么？"
> 杰尔姆："饼干。"
> 然后，布鲁诺打开了盒子，盒子里面没有饼干，而是一盒彩色铅笔。
> 他的女研究助手进入了房间。
> 布鲁诺："你认为她觉得盒子里装的是什么？"
> 杰尔姆："彩色铅笔。"

这是一个拥有思考关于宇宙的抽象性质的能力的人，杰尔姆在这一点上超过了大多数人，但是他不能想象其他人可能会认为饼干盒里有什么东西。杰尔姆患有孤独症，这是一种每 500 人中有 1 人发病的发展失调障碍[46]，这一数字正在增加而且很大程度上取决于你如何定义孤独症。一般来说，孤独症可以被认为存在三种主要能力的失调：社交能力严重缺乏，沟通能力弱，存在重复刻板的动作。人们认为这是一种谱系障碍，因为个体的受影响程度有差异。大多数患者存在智力低下的问题，一些人处在正常智力范围内，少部分人拥有少见的能力，比如可以告诉你历史上任何一个日期是周几。但是，所有患孤独症谱系障碍的个体都有社会交流的问题。

这些个体之所以在社会交流上有问题，是因为他们缺乏让人发展出成为专业读心者的社交方面的能力。在童年早期，正常的儿童会因为他们的心理理论的发展而能越来越好地理解其他人。在他们 4 岁左右，正常的孩子知道其他人是受目标引导的，是有目的的，他们有偏好、欲望、信念甚至是错误信念。

正常孩子不仅会越来越擅于读心，而且还会成为有社会属性的人。他们开始通过让人们做出相应行为的情绪与行为间的联系，来理解别人的悲伤、喜悦、失望和嫉妒。同样在 4 岁时，孩子们已经成为社交舞台上的专业人士了。他们会复制、模仿、模拟并与他人共情，以此显示他们也是人们为了成为团体内一分子而必须加入的社交圈中的一员。他们会与其他人一样做出像哭泣、打哈欠、微笑、大笑和表示厌恶这类的传染性行为。

然而，患孤独症的个体缺乏这种社交技能[47]，他们实际是“心盲”的[48]。艾莉森·高普尼克在她对孤独症患者在晚宴聚会上的感受的恐怖幻想中，捕捉到了心盲的概念：

在我周围，皮肤做的口袋们搭在椅子上，很多布料包裹着它们，它们以不可预测的方式变换、突起……它们顶部附近有两个黑色的点，在不停歇地来回旋转。在两点下面有一个洞，装着食物，还发出一串串噪音。想象一下吵闹的皮肤口袋会突然移向你，它们的声音会变大，而你既不知道如何解释也没有办法解释，更不能预测它们下一步会干什么[49]。

毫无疑问，孤独症患者会觉得直接的社交很吓人。如果你不能分辨他人，社交互动一定是十分莫名其妙的。孤独症患者不能简单地推断别人在想什么，而且通常会缩在不需要其他人参与的活动中。也许这就是为何很多孤独症个体一般不喜欢眼神交流，他们从不模仿，不打哈欠、不呕吐、不笑，也不使用与我们这个物种所共有的丰富多彩的社会信号[50]。

坦普尔·格朗丹（Temple Grandin）博士提供了一种不寻常的视角来观察患孤独症的遭遇是什么样的[51]。她是动物饲养方面的世界权威，同时她也是一个高智商或“高功能”孤独症患者，从而给我们提供了一个窗口来观察心盲是怎样的。坦普尔从很小就被诊断出患了孤独症，她念了渐进学校并念到了大学，但是一直在与人交流上有困难。她不能理解或预测他人的行为，因此她将注意力转向了动物，它们似乎没那么复杂。比起了解人，她可以更好地走进动物的内心，并最终学习了动物福利，发明了在宰杀前让牛缓和平静的技术。对她来说，人类太难以预料了，坦普尔只能通过密切注意他们的日常和行为来学习和研究人。通过这种方式，她能够预测人们在熟悉的环境下会怎么做，因此她可以表现得得体。她对奥利弗·萨克斯描述自己预测他人行为的经历，就像“一个火星上的人类学家”，这个短语可能会成为萨克斯某本畅销书的题目[52]。

虽然对坦普尔的情况没有决定性的神经学测试，但孤独症一定是某种大脑失调。孤独症的发生率在同卵双生子中高于异卵双生子，这意味着这种失调是具备遗传基础的[53]。孤独症在男孩中的发病率是女孩的 4~5 倍，这再次有力地证明了它有着生物基础。迄今为止，有一些基于脑成像研究的证据证明，在大脑前部区域，尤其是额岛皮层和前扣带回皮层，正常个体发生社会接触时与患有孤独症的个体的活动是不同的[54]。前扣带回皮层就像一个“提醒中心”，控制着目标和冲突，也包括社会交往。如果这些接触与计划不相符，如果别人对我们有了错误的看法，我们就会变得紧张。这些区域是当我们无论是自发地还是由于观察他人而被控制着模仿他人时会被激活的镜像神经元的一部分。

至今，对于孤独症患者镜像神经元的脑成像研究仍无定论，而如克里斯蒂安·凯泽所说，这些研究表明这些系统并未受损，可能只是因为个体没有在正常的社会交往中获得相关的信息而发展迟缓[55]。

另一些人则以特殊的神经元作为研究的靶目标。神经科学家约翰·奥尔曼（John Allman）在加州理学院（California Institute of Technology）工作，在 1925 年发现并定位名为冯·埃科诺莫神经元（Von Economo neurons，VENs）的纺锤形神经元后，他提出假设，认为孤独症的社交不足可能是因为缺少某一级别的此类神经元[56]。冯·埃科诺莫神经元是有着大量连接纤维的皮层神经元，会被社会学习激活，且分布在不同脑区。这或许解释了冯·埃科诺莫神经元只在非常社会化的物种身上发现过，包括所有类人猿、大象、鲸鱼和海豚等。

在人类的额岛皮层和前扣带回皮层有大量冯·埃科诺莫神经元，而孤独症患者的这些区域可能受到了破坏。冯·埃科诺莫神经元被认为可以用来保持对社会经历的追踪，这是辅助未来在相似的情境下迅速理解的一种策略。它们形成的神经网络是我们观察、模仿别人时进行的不自觉的社会学习的基础。冯·埃科诺莫神经元或许在通过模仿和关注他人来创造和塑造自我中起到了作用。

一个令人感兴趣的发现是，社交相关区域的冯·埃科诺莫神经元的密度会在普通儿童 4 岁左右时从幼儿水平增长到成人水平，这点是大多数儿童发展专家都认同的，4 岁是儿童在社交技巧和身份意识形成中发生明显改变的年纪。

这或许解释了为何冯·埃科诺莫神经元受到损害的孤独症个体，会在理解大多数人不必思考就明白的事情时出现困难。我曾和一个朋友讨论过这一点，她有一个患高功能孤独症的女儿。她的女儿通过让身边的人写下他们是谁、他们的生活经历来了解他们，以此弥补她的缺陷。她之所以这么做是因为她不能自然地将信息和背景整合，从而形成对他人的描述。当缺失理解他人和社会性整合的能力时，严重的孤独症患者会形成一种不包括周围人的不同的自我意识。我没有孤独症，所以只能够推测，但我可以想象患有严重孤独症的个体会习惯于孤单的世界，而且与他人十分疏远。

青春期的烦“脑”

也许你还记得 15 岁时参加的那个聚会，当你走进房间时，所有人都停止了交谈，就那么盯着你；或者有一次老师让你在课堂上站起来回答问题，所有人都在看你。还记得当时脸颊涨红、手心冒汗的感觉吗？真的很尴尬。那时的你有很强的自我觉察。

我们中的大多数都有过尴尬至极的经历，那是能想象的最糟糕的时刻了。我们那时恨不得立刻死掉或者干脆找个地缝钻进去。尴尬的感觉和自我觉察都是镜中自我的关键成分。如果我们不在乎别人怎么想，那么就不会觉得尴尬了。小孩子总是以自我为中心，因为他们是父母的掌上明珠。我们还不确定他们是否会注意别人。然而，随着自我意识的发展，辅以逐渐成形的心理理论，他们开始能理解别人的观点，开始越来越在意别人的看法。这种自我觉察意识能够为道德规范的形成提供基础。即使我们自己的映像，也能够让我们清醒地意识到自己可能成为别人关注的焦点。

自我实验室

> 在一个由加拿大学者设计的经典的社会越轨实验中[57]，孩子们在万圣夜被告知，当主人进入另一间屋时只能从碗里拿一颗糖，然后研究者对他们进行了秘密观察。如果房内放了一面镜子，当孩子靠近碗时能被反射出影像，孩子就会有自我觉察并照要求做。然而，在没有镜子的情况中，孩子会多拿糖，因为没有镜子提醒他们自己是可以被看见的。

孩子进入青春期早期后，会对别人的评价特别敏感。事实上，他们总是想象有观众在评价自己[58]。我们经常看到孩子们，很多时候是认为他们没被关注的成年人，收到想象中刚刚听了他们在某项任务中的表现或才艺的观众的赞美，但是这些想象出来的观众同样是青春期的痛苦。进入青春期后，少年会认为别人一直在对自己品头论足，即使事实并非如此。他们认为自己是注意的焦点，而且对批评高度敏感。

神经科学家萨拉 - 杰恩 · 布莱克莫尔（Sarah-Jayne Blakemore）用脑成像技术研究了青少年大脑的活动[59]。她发现，与年轻的成人相比，青少年想到自我时被激活的区域会更活跃，特别是前额叶皮层，在青少年被要求从自己的角度思考问题时都会被激活。无论是思考如阅读这种关于自我的映射行为[60]，做出计划[61]，还是简单地反映一次痛苦的社交记忆[62]，青少年的前额叶皮层都高度活跃。

如我处于青春期的女儿所说，他们只是觉得“每个人都在接近我”。高度活跃的前额叶皮层实际上意味着什么还没有定论，但是它确实支持了这一区域与对他人的“心理化”（mentalizing）有关，而且青春期的很多心理过程都是关于他人，尤其是关于同伴怎么想。毫无疑问，青少年对同伴压力很敏感，这解释了为什么他们会为了确立自己的身份和群体地位而陷入麻烦或参与危险行为[63]。谁最容易做出危险行为呢？当然是男孩。那么，小男孩又是受什么影响的？这全部是生理造成的，还是被我们低估了的社会的塑造结果？

男孩蓝色，女孩粉色

每个人听说孩子刚降生的时候，都会问同一个问题："男孩还是女孩？"所以，当多伦多 38 岁的凯西·威特瑞克（Kathy Witterick）和 39 岁的大卫·斯托克（David Stocker）这对夫妇，在 2011 年向朋友和家人宣布了孩子的名字叫斯托姆（Storm）、但没有揭秘他们的第三个孩子的性别时，他们的宣布得到的是无情的沉默。这对夫妇的解释是他们不想让孩子被贴上标签，希望他（她）能够形成自己的身份意识。问题在于，没人知道该如何对待这个新生儿。4 个月之后，斯托姆的故事被媒体曝光，进而掀起了一场社会热议，如洪流般的批判和嘲笑被加在了这对夫妇身上[64]。但凯西和大卫抓到了重点，即我们对于自己是男是女的身份认同在很大程度上是受到周围人的影响的。

我们专注于性别问题，是因为这是人们对自我、自己应有的行为和他人该如何对待自己进行定义的核心成分。这是我们从小到大最重要的特征之一，如果不知道一个人的性别，我们就会不知如何与之相处。一方面，性别由我们从父母处遗传的染色体决定。一般来说，孩子会从父母处遗传到 23 对染色体。在每组染色体中，有一对被称为性染色体（包括 X 染色体和 Y 染色体），而另外 22 对染色体被称为常染色体。人类女性有两条 X 染色体，人类男性有 1 条 X 染色体 1 条 Y 染色体。如果没有 Y 染色体，我们就会发育成有着两条 X 染色体的小女孩。

另一方面，性别不仅涉及生理层面，也是有关个体心理层面的。性别不由基因塑造，而是由群体的一致性所塑造，是思想和行为的男性化或女性化。到 3 岁时，男孩更喜欢和男孩玩，女孩也更喜欢和女孩玩[65]。到 5 岁时，孩子就已经有了“性别意识”，知道了很多男孩和女孩的适宜行为规范[66]。一些性别定式是普遍性的，比如妈妈应该照顾孩子、准备食物[67]。然而，近些年，这些定式因为男女都在传统上被认为应该分工的活动中做得越来越多而发生了转变。这是像乔治男孩（Boy George）这样的“变性人”引起轰动的原因，因为他们挑战了定式。

虽然这并非一定之规，性别定式的确在代际间延续着。这是斯托姆的父母试图避免的。很多父母在孩子出生前想知道孩子的性别，这影响了类似于将育儿房粉刷成粉色或蓝色的性别期望[68]。当孩子出生后，新生的女婴总会被用漂亮这类词形容，而男孩就会被用有力这类词形容。在一项研究中，成人会在孩子玩玩偶匣时对男孩表现出比女孩更多的生气情绪，虽然这通常是同一个婴儿[69]。家长同样倾向于给孩子买符合性别的玩具，给女孩买娃娃给男孩买枪[70]。在另一项研究中，同一个穿着或蓝色或粉色衣服的婴儿会被介绍给不同的家长，名字可能是萨拉或内森。如果成人认为这是个女婴，他们会称赞她很漂亮；如果他们认为这是个男孩，就不会评价外表而是谈论他将来的成就。在跟婴儿互动时，他们对男孩会更狂野，将他们抛到空中；当他们认为是女孩时，则会抱着婴儿。实际上，成人似乎需要知道婴儿的性别才能与他们适宜地玩耍[71]。当然，这是同一个婴儿，所以唯一的区别就是身上衣服是蓝色还是粉色。值得留意的是，蓝色与男孩是近年才有的联系，100 年以前男孩穿粉色而女孩则穿蓝色[72]。

在出生的前几个月被成年人进行这样的鼓励下，你还会觉得两岁的孩子能够轻易分辨适宜自己的性别、角色和外表很令人惊奇吗？然而，这种理解还只是表面的。举个例子，到了 4 岁的时候，孩子会认为长头发和裙子决定了你是男是女。我们了解到这一点是因为，如果你给一个 4 岁的孩子一个娃娃，然后给男娃娃穿上裙子，他们会认为他现在是个女孩。到 6 岁时，孩子对性别的理解变得更深刻，也超越了外貌层次。他们明白换衣服和发型不会将一个男孩变成女孩，反之亦然。他们已经获得了对男孩和女孩本质意义的理解。当他们将性别视为自我的核心部分，他们会认为这是不可改变的，而且是定义自己和他人是谁的基础[73]。

随着孩子的成长，他们开始对与需要的特质和应该建立的特质相关的外在更加确定。比如，6 岁的孩子认为男人更适合做技术工作，而女人更适合做秘书。甚至家长与孩子说话的方式也对性别本质的大众化理解进行着固化[74]，比如家长喜欢说“男孩踢足球”和“女孩跳芭蕾”这类话，而不是用限定词，如“有的男孩踢足球”和“有的女孩跳芭蕾”。我们对此无能为力，并掉入了性别的圈套。我们与孩子的交流强化了这些性别分化。母亲们倾向于更多地和女儿而不是儿子讨论情感问题[75]。在参观自然博物馆时，家长向男孩解释展品的次数是女孩的 3 倍[76]。

不仅是父母，老师也在延续性别定式。在男女混合的课堂上，男孩更可能主动回答问题，获得老师更多的关注同时也获得更多称赞。在他们 8~10 岁的时候，女孩普遍比男孩的自信低，但这不表示她们的能力差[77]。根据英国国家统计局 2007 年的数据，女孩在教育的各个阶段，包括从学前班到大学，都比男孩表现好。男孩总会被报道有很强的数学能力，但这种差异到青春期就不再存在了，到那时已经有大量机会来强化性别定式[78]。男性大脑与女性大脑在很多方面有我们还未彻底研究的差异，比如连接大脑两半球的胼胝体的形状差异，但是，当涉及由社会延续的孩子应该怎么想、怎么做的方式时[79]，评论者们可能把生理对性别定式的影响夸大了。

性别定式对自我幻象既有支持也有破坏。一方面，大多数人遵守性别定式是由于这是我们所属的物种所期望的，而多数人都不想被孤立。另一方面，我们可能既承认性别定式，又认为我们自己是与众不同的个体。

自我的幻象让我们认为只要我们愿意，就能表现得与众不同。然后就出现了那些因为觉得自己很独特而从不遵守定式的人。但是，在一个需要他人在场来评价他们是相同还是不同的物种里，谁又是真正独特的呢？

很明显，你需要别人来证实或是反对。例如，人们将文身视为一种个人特征已经逐渐成为主流趋势，因为有证据显示文身的人数在上升！即使那些走向自残极端的人，也在无意地根据他人来调整自己个人特征的程度。自我幻象是一种很难避免的非常狡猾的观点。

超级男性的攻击行为传说

让我们思考一下另一个自我定式，即男性的攻击行为。为什么男人总是打架呢？只是因为他们的天性吗？心理学中有一个领域给这一点提供了许多解释。典型的解释是男人需要身体上的竞争，强壮的身体是一种吸引最优秀女性为伴侣的优势。另一种解释是男人缺乏女人那样的谈判技巧，因此必须通过行为解决冲突。这些见解，因“女人来自金星，男人来自火星”的心理观念而普及了。男人的睾丸素水平确实更高，这种激素会引发攻击行为，因为它会使人更强壮。但是，这些可能是文化塑造的倾向。当我们从性别角度思考自己的天性时，我们不约而同地有了偏见，这是由社会定义的男人和女人该有的样子。

男性最终会变得更具攻击性，虽然刚出生的时候可能并非如此。研究显示，1 岁大的男孩和女孩有着同等的生理攻击性，但到两岁时，男孩比女孩有更多攻击行为，而且这一差异是在发展中持续的[80]。相反，女孩越来越少地在冲突中运用肢体暴力，而是更倾向于在欺凌行为中使用嘲弄和排挤的方式[81]。男性和女性可能只是简单地在表达攻击的方式上有所不同。

男性的生理条件使得他们更具肢体攻击性似乎是毫无疑问的，这导致了超级男性传说。某些男性继承了多余的 Y 染色体，我们称他们具有 XYY 基因型，这使得他们比别的男性更高、更瘦，也长了更多粉刺。大约 50 年前，由于苏格兰监狱在 20 世纪 60 年代关押了很高比例的 XYY 基因型的男性罪犯，超级男性更具攻击性的说法便被提出了[82]。这个说法在大众心中因理查德·斯佩克（Richard Speck）臭名昭著的案例而被进一步证实。斯佩克是美国臭名昭著的大肆杀戮者，他在 1966 年 7 月 14 日那个恐怖的夜晚，在南芝加哥社区医院里折磨、强奸并杀害了 9 个实习护士。斯佩克有暴力、非法闯入护士房间和绑架女性人质的历史。他让这些人一个接一个出房间，然后将她们勒死或刺死。当他接受听审时，他的辩护律师认为斯佩克对所犯罪行没有责任，因为他具有 XYY 的超级男性基因型。后来，人们发现理查德·斯佩克的辩护律师其实知道他没有 XYY 基因型，只是出于保护客户的目的利用了这个传言。

即使斯佩克的确有 XYY 基因型，关于暴力行为与它的关联的说法也无法在详细审查中站住脚。早期研究只用了很小的样本，缺乏引导性。而且，令人惊讶的是如果一个罪犯有粉刺，有时会被用来作为拥有 XYY 基因型的证据，而不需要做任何基因分析[83]。斯佩克很高而且有粉刺。如今，XYY 基因型的传言仍然存在，有很多专家仍然对基因型与暴力间的联系的可能性持不同意见。丹麦的一项拓展研究[84]总结到，XYY 基因型在男性中出现的概率大约是 1/1000，而且唯一可信的特点是他们的身高比平均身高高。这一身体差异可能对他们表现出的行为看上去比平常人更有攻击性有影响。这也可以解释为什么 XY 基因型的男性有 1/10 被捕，而 XYY 基因型的男性有一半都被捕了。总而言之，XYY 基因型的男性的确有行为问题，尤其是在青春期，这可能与他们与众不同的身高有关。他们也倾向于具有低一些的智商和更多冲动行为，这可能导致了他们更高的犯罪发生率。但是，这些犯罪并非与人发生暴力冲突，更多的是犯下像在商店偷窃这类的轻度罪行。

令超级男性传说值得在性别定式背景中考虑的原因，是这一生物学理念导致了不幸的后果。在 20 世纪 70 年代至 80 年代间，许多父母在产前检查后决定放弃被诊断为拥有多余 Y 染色体的胎儿，只因为超级男性传说。而事实是，大多数 XYY 基因型的男性不知道自己有多余的 Y 染色体，因为他们大多与其他 XY 基因型的男性无异。

即使 XYY 基因型与攻击行为相关，在所有可能性中，环境依然在其中占据关键地位。换句话说，这是一种需要特殊环境条件的预设。例如，另一种与攻击性相关的基因突变影响一种酶，即单胺氧化酶的产生，它会影响 5- 羟色胺和多巴胺的神经递质活性。这种基因有一个昵称，叫作战士基因，因为它破坏了前额叶皮层的信号，而且与冲动性和更多暴力行为相联系。在 2009 年，布拉德利 · 沃尔德鲁普（Bradley Waldroup）因为拥有战士基因而逃过了在田纳西州犯下的杀人暴行的死刑惩罚。根据他的辩护，是他的基因让他这么做的。问题在于，在欧洲，每 3 个人中就有 1 个人拥有这种基因，但是这个群体中的谋杀率却低于 1/100。为什么大部分拥有这一基因的人没有成为血腥的刽子手呢？

研究者研究了 440 个有这种基因突变的新西兰男性，时间跨度为从出生到成年，以观察反社会行为的生理基础[85]。他们发现，10 个单胺氧化酶基因异常的男性中，超过 8 人发展出了反社会行为。但是，这种情况只发生在他们在童年的养育环境中被虐待过。相反，如果在童年的养育环境中没有遭受虐待，只有 20% 的存在单胺氧化酶基因异常的男性会在成年后发展出反社会行为。所以，环境在激发这些个体变得反社会的过程中发挥了至关重要的作用[86]。这就是为何说在考虑个体发展时单独讨论天性和教养是毫无意义的。

我有一个杀手家族

如果早期的虐待会触发战士基因，那么这些消极特性可以被避免吗？神经科学家吉姆·法伦（Jim Fallon）通过对大脑活动和基因的观察，研究了造成精神变态的因素。一天，当他在对许多精神病杀人犯的大脑扫描图像进行分类时，他发现他们似乎都有一个特点，即眶额叶皮层的激活较弱。眶额叶皮层与微笑这类社会性行为有关，也是与道德决策和对冲动性反社会行为进行控制的相关区域。这一区域活动少的人，更容易表现出随心所欲的性格和精神问题。也许精神病患者是由于长了不好的大脑？

当时，吉姆也在进行阿尔茨海默病的研究，他需要大量用于与病人数据进行对比的控制数据。他要求家庭成员进行脑扫描和提供血液样本，以便与病人样本进行对照。结果他发现，他所有亲属的大脑扫描结果都是正常的，除了他自己。吉姆发现他的眶额叶皮层也缺乏活性，正如他在精神病杀人犯身上发现的那样。他这个发现太讽刺了，神经科学家也有与杀人犯相同的异常脑形态[87]。

大约一个月之后的家庭烧烤聚会上，他对家人说了这一件讽刺的事，他 88 岁的母亲珍妮建议他简单研究一下家族历史，他或许会感到惊奇。吉姆的发现的确令他震惊。他的祖先托马斯·康奈尔（Thomas Cornell）是美国历史上的名人，因为他在 1667 年杀死了自己的母亲，这是美国历史上第一宗记录在案的弑母案。但这还不是结尾，在他的家族中还有 7 位与吉姆同一脉的人是杀人犯！这很让人担心。于是，吉姆查找了更多证据，他是否有与攻击和暴力相关的基因呢？他对阿尔茨海默病的研究中的自己的血样进行了分析，结果发现他的血液呈战士基因阳性，这说明他拥有所有可能使他成为杀人犯的基因风险。那时，有基因学家形容说，吉姆拥有这么多特殊的基因就像走进了赌场，一口气刷出 15 次双六一样稀有。

从生物学角度来看，吉姆应该是一个天生的杀手并会威胁到社会，但他没有。为什么会这样呢？吉姆·法伦博士曾经是基因决定论的追随者，认为一个人的基因能决定他的结局，但是他在脑成像和基因方面的发现迫使他重新思考了自己对人类天性的刻板观点。他必须接受自己的例子，是环境保护了他，特别是他父母的教养方式对他的行为方式产生了重要影响。这是因为吉姆的出生从一开始时对他的父母来说就非常特殊。他母亲在吉姆出生前有 4 个孩子连续流产，因此在吉姆出生后，他成了父母的宝贝，被倾注了许多关注和爱。他相信，后天的养育抑制了可能将他送上毁灭之路的战士基因。

吉姆避开了犯罪与暴力的生活，但是他依然有很多低眶额叶皮层活性的人格特质。最终，他发现自己的行为问题可能由基因倾向影响。他不会伤害别人，只是单纯不能与他人产生强烈的情感连接。他不会关心人，尤其是与他亲近的人，而且他发现自己处于精神病的边缘[88]。我相信，我们都认识这样的人。

不要让孩子在恐惧中成长

一个人是怎样成为精神病人的？布鲁斯·佩里（Bruce Perry）是一个相信

人类暴力的行为根源可以追溯到养育环境的精神病学家。如果环境中缺乏合适的榜样和待人接物的例子，那么孩子就不会发展出合适的自我意识中的道德规范。加上贫穷的压力和缺乏将自我从这一情境下解救所必需的教育，你便离悲剧不远了。佩里被认为是见证了数起引人注目的事件的专家，包括科伦拜恩校园枪击事件、俄克拉何马城爆炸案和瓦可镇围城事件。他有很高的声誉和威望，认为人类的暴力是从早期发展就开始形成的恶性循环。为了证明他的理论，佩里举了一个青少年谋杀的例子：

> 一个 15 岁的男孩看到了一双他想要的鞋。在看到另一个男孩正穿着它们时，他掏出了枪向他要。被枪指着的孩子脱下鞋给了他。15 岁的男孩把枪放在脱了鞋的男孩的脑袋上，微笑着扣动了扳机。当他被捕时，警员对他毫无懊悔的表现感到吃惊。当后来被问如果能让时光倒流，他会做什么改变时，他想了一下然后回答："我会把鞋擦干净。"正是他满是血迹的鞋令他被捕的[89]。

佩里认为，对给他人造成的伤害如此不屑，是一种由于童年时缺乏合适的情绪互动和社交互动造成的迟钝。这是一个鲍尔比社交隔离的极端例子，其中的孩子没有建立起自我意识中的道德规范。像鲍尔比一样，佩里认为这种迟钝是没有让孩子体验消极情绪被激发后又被解决的合适经历的结果。缺乏这种经历的敏感孩子，难以在社交发展的关键期建立起正确的行为模式。

根据佩里所说，这源于调控行为的神经回路受到了破坏。如果你回想大脑的功能和结构，低级脑系统是冲动行为的根源，其中包括攻击行为。佩里认为被调控的行为取决于由低级的、原始部分的脑引发的行为与高级皮层区调节抑制行为间的关联强度。如长期压力、责备、边缘系统或皮层区的调控能力下降这类增加脑干活动及反应的因素，会增加个体的攻击性、冲动性和暴力倾向。

只有将孩子置于教养环境下，我们才能够让他们拥有能使他们调节冲动和驱动力的经历。

早期暴力行为的例子并不罕见。例如，在过去几年中，英国媒体报道了很多年轻人间发生致命刺伤的案件。然而，大多数在贫穷背景下长大的孩子并非注定会成为冷酷杀手。据佩里说，他们无论如何都有感情创伤。他们更容易在生活中经历一些有裂痕的关系，一般是深度的连接感缺乏和情感空虚。这导致了如沉迷、犯罪和社会性贫困等相关问题，并且给在这一环境下成长的下一代建立了破坏性的循环。生命失去了其价值，变得廉价，因此产生了不重视他人的温床。美国有超过 500 万因家庭暴力产生的儿童受害者，在全世界，更多孩子因战争和饥荒而贫穷度日。佩里提出，尽管我们的文明在发展，我们仍在恐惧中养育孩子。

苹果、硬币和棉花糖

如每一个父母所知，小孩子都是冲动的。这是因为他们不知道如何让自己停下来。他们缺乏自我控制。他们会冲过马路，嘲笑胖子，在公共场合大吵大闹。

这种对思想和行为控制力的缺乏是我近 10 年研究的兴趣点之一，我对人们必须从儿童时就发展出自我控制能力以成为一个聪明、成功的成人这一点很感兴趣。否则，我们将一直处于与不同的欲望和驱动力争夺注意和行为的境地。年轻的孩子没有足够的方式停止欲望，这会通过冲动行为展现。

所有孩子在发展早期都会经历有冲动行为的阶段，但当他们开始准备上小学，他们就会开始显现出调控行为的能力。他们可以为了达到更大的目标而克制行为。在中世纪的德国，人们会让孩子从苹果和硬币中进行选择，那些能够抵抗水果的诱惑而拿硬币的孩子便被认为是已经做好上学的准备了，因为他们能够控制自己孩子气的冲动和欲望。

在我的实验室中，我们不给孩子苹果，但有时会给他们棉花糖。

自我实验室

> 这个经典的实验范式始于 20 世纪 60 年代，斯坦福大学的心理学家沃尔特·米歇尔（Walter Mischel）给孩子们一个装着两块棉花糖的盘子并告诉他们，他们现在可以得到一块，但如果能在他离开房间后等一会儿，在他回来时孩子们就可以得到两块棉花糖[90]。在我们的实验室中，为了避免使用棉花糖造成的各类伦理问题，我们改进了实验。我们让孩子转过身等待我们包装礼物，如果他们能等就会得到这个礼物。他们被告知，在实验者离开房间寻找胶带来完成包装时，不可以转身或伸手去拿那个礼物。通过隔壁房间的单向镜，我们记录了孩子们的行为和等待的时间。

无论是充满诱惑的棉花糖[①]还是藏起来的礼物，都是在测量“延迟满足”（delay of gratification）的能力。这是指孩子在屈服于诱惑前坚持的时间，而后来人们发现，这对预测孩子在其他要求自我控制的任务中的表现非常有用。

---

① 关于棉花糖实验的更多真相和 50 年以来的后续研究可以在米歇尔的著作《棉花糖实验》中找到，本书中文简体字版由湛庐文化策划、北京联合出版公司出版。——编者注

在米歇尔的原始研究中最值得注意的是，他发现，一个孩子 4 岁时延迟满足的时间能够预测其在 14 岁时的学业表现和社交能力[91]。当这些孩子成长为 27 岁的成人时，那些在幼儿期表现出更强自我控制能力的人更成功，拥有更强的社交能力，也更不容易沾染毒品[92]。

原因很简单。如果你能够调节和控制自己的冲动，那么你也会更有耐心处理问题，更不容易感到无聊而且更能抵制诱惑。当面对他人时，你会更无私，这会让你更受人喜欢。很多时候社交互动会造成必须要解决的不同个体间的利益冲突，这类调和能力依赖于自我控制，缺少这一点我们就会变得反社会。

调控我们的自我是前额叶皮层的一个主要任务。这部分脑区通过对不同区域产生的兴奋指令进行抑制，来协调存在竞争关系的思想和行为。没有前额叶的执行控制，我们会受控于每一个突发奇想、分散注意的事、冲动、痉挛或欲望，这些可能让我们失去被社会上的其他人接受的机会或阻止我们实现为自己设的目标。

这就是患有注意缺陷 / 多动障碍（ADHD）的孩子缺乏自控力的原因[93]。他们会觉得安静坐着很困难，他们也可能很爱捣乱。他们不能将注意力集中在一个任务上，很容易被打断。其他孩子往往会避开他们，所以他们很难交到朋友。他们的极度活跃与冲动成了大问题，这让他们很难被控制。很长一段时期内，这样的孩子会被人们标以淘气和不守规矩的标签。毫无意外，注意缺陷 / 多动障碍患儿在学业考试中表现得比其他同学差，其中很多人需要特殊辅导。大约一半患有注意缺陷 / 多动障碍的孩子长大后能够恢复，但是另一半孩子则在余下的生活中一直经历着这些问题。注意缺陷 / 多动障碍发生在学前阶段，每 20 个孩子中有 1 个人会受此影响，男孩的发病率是女孩的 3 倍[94]。因为这一病症在 20 世纪 70 年代才被认识到，因此还有很多争议。然而，双胞胎研究支持了其有很强的生物学倾向。如果同卵双胞胎中有一人患有注意缺陷/多动障碍，另外一个有 3/4 的可能性也患有此病。

患有注意缺陷/多动障碍的孩子的行为有时会被形容为“极度兴奋的”，好像他们在加速。这很讽刺，因为治疗他们的一种手段就是给他们吃安非他命和利他林等药物。这些药物会增强在前额叶中活动的神经递质的活性，它们被认为可以加强抑制和提高注意力。这就是为什么有些大学生原本不需要用药，却通过服用利他林来提高学业成绩，因为这种药能帮助他们集中注意。相反，酒精是一种有镇静作用的药物，它会降低前额叶的激活程度和我们抑制冲动的能力，因此人们在喝醉后会变得有欲望、有危害。

然而，在药物之外或许还有其他方式来控制你自己。延迟满足实验表明，能够成功实现延迟满足的孩子并非仅仅坐在那里盯着棉花糖看，并用意志控制自己的欲望。实际上，这么做并不明智。其实，孩子们会使用不同的策略来让自己在诱惑前分心。他们常常通过唱歌或用手做别的事情来分散注意力。抵抗诱惑的秘诀就是找出替代品。你也可以教孩子学会分心，或者让他们想象棉花糖只是一张图片而不是真的。所有这些策略都会降低目标对注意的吸引力，因而使抵抗它变得更有可能。这也意味着自我控制是可以训练的[95]，这解释了一个违反直觉的现象，就是家教严格的孩子在延迟满足任务中表现更差。

因为受到了过多的控制，孩子的父母没有让他们发展出内在的自我控制能力。这或许解释了许多典型的个体，他们早期生活在保护下，一旦脱离了他人掌控，行为就变得非常狂乱。

但是，这个失去控制的人，如果不是幼稚的自我又是谁？是谁在让谁分心？我的一些同事认为，整个自我控制的理论似乎都是在要求人们接受一个前提，那就是自我是存在的，是它失去了控制。在这里，自我幻象又在哪儿？

一种理解的方式是将自我的结构想象成一个没有蜘蛛的蜘蛛网，每条线都代表对整体结构产生的影响。自我是所有影响性拉拽产生的结果模式试图寻找的一个共同基础。某些网线会强于其他，如果它们断掉，网的形状就变了。同样地，我们的生活由许多控制着自我的网线组成。缺乏自我控制的孩子还在建立自己的影响网络，他们还未建立起抵抗那些想要掌控它的强烈冲动的方式。对网线的管理，即自我整合实际是通过竞争来完成的，没必要有一个处在网络中央的自我将所有线拢在一起。

当身体每一个细胞被替换

自我可以被想象成一个人的存在的核心处的内容。它有时也作为一个人的本质被提及。人们常常会认为自我是一个人最本质的个性，即他真正的样子。很多情况下，自我幻象可能会引起关于本质的自我是否存在的争论。这一关于本质的见解值得更深入的思考。

跟我一起做

试想，如果我拿你的婚戒或其他有特殊价值的东西，用一个未来的机器一点点、一个原子一个原子地替换其中的物质，直到它不再包含任何原来的材料，但从外表上却看不出与加工前有什么区别，它还是原来的戒指吗？

大多数人会认为部分被替换的戒指本质上还是原来那枚，但一枚被完全替换的戒指就不是了。但是，到什么程度时戒指发生了决定性转变，而一个原子又怎么会造成这么大的差异？而且，如果这一转变是渐进的，大多数人会倾向于认为它还是具有原来属性的戒指，即使它已经没有任何原始成分。但是请再想一下，如果我们将原来戒指的所有成分重新组合，现在我们就有了两枚戒指。哪一枚是原来那枚？是不是当另一个物品重新构成时，原来物品的属性一下子就不复存在了呢？

显然，组成物品的物质的特性引发了以上的问题，那么人的特性呢？想象一下我们将同样的替换加诸人身上。哲学家德里克·帕菲特（Derek Parfit）用了几个情景来挑战自我的真实性[96]。他让人设想将一个人一个细胞一个细胞地替换，直到新的人体不再包含任何加工前的身体成分。在一个例子中，他让我们想象将瑞典女演员葛丽泰·嘉宝（Greta Garbo）的细胞一点点换到我们身上，到什么状态时我们就成为这位大明星了？我们什么时候成为她本人？运用这一逻辑，帕菲特否定了本质自我基础的概念。

这些是引人入胜的、挑战着人们对现实和特性的性质的直觉的思考实验。让人沮丧的是，这些问题是没有对或错的答案的，哲学家之间的学术交流使争议更加引人瞩目，这些情景也引发了其中许多人多年的钻研思考。然而，对于普通人来说，他们展现了一种普遍的心理直觉，就是一定存在一个独立于肉体的永久的自我，即一个本质的自我，而它决定着我们是谁。

当我们从本质思考时，我们相信内在性质的存在，它帮助我们提炼出事物的本质，而这种溯因的方式会在 3 岁或 4 岁时产生。在苏珊·格尔曼（Susan Gelman）[97] 开创性的书《儿童的本质》（*The Essential Child*）中，她举了一个令人信服的例子，证明本质论是一种自然地发展出的思考方式，孩子们会自然地将生物界分为不同的物种。当孩子们懂得所有狗都是一类群体中的一员时，他们会认为所有狗的内在都具有同一种本质，使得它们与猫不同。他们懂得即使你把一只狗的外表变得像猫一样，本质上来说它还是狗，而且会像狗一样行动。

事实上，这种差异可以从生物水平，即 DNA 的排序上解释，但是很少有孩子听说过基因，他们只是认为一定有某种隐藏的特质来区分不同的动物。本质论最初只在孩子们对生物世界的思考中运行，但是最终会成为他们区分生活中重要事物的一部分，特别是当他们面对每一个拥有独特心理的个体的时候。

我的同事保罗·布卢姆（Paul Bloom）认为，本质论同样是解释人们对某个物品或某段经历的重视程度的核心，即我们相信它们具有某种本质上的真实性[98]。例如，我们会偏爱并赞赏某件原始的工艺品，当发现它是赝品时就不一样了。赝品从不会像真品那样值钱，即使人们根本分辨不出其中的不同。同样，这也适用于我们对自我的通常看法。一个人的本性是他们的基本身份，当他们没有表现出真实的自我时，我们会说他们是在假装、欺诈或是个伪君子，以及价值观有问题。

这个核心自我随着我们的年龄而发展，忍受着生活抛来的一切内容，而它们不过是幻象。正如人类发展的其他方面一样，自我是逐渐出现的，它来源于生存环境和基因的相互作用。自我在遗传和早期环境影响交织出的道路上渐渐成型，并且对我们的社会化方式产生了深厚而持久的影响。这些影响会反过来塑造我们与他人的交往方式，以及我们养育孩子的方式。这样的想法和行为看似来源于我们内部，事实上却受到社会环境的极大影响。在一定程度上，我们是谁是由我们身边的人决定的。我们可能天生拥有不同的生理条件和性情，而就算这些也是在他人构成的环境中发展成型，并会在某些情况下因外界因素影响而激发或关闭。这些反应的程度和发生方式是科学家们一直在寻找的答案。

或许我们会认为自己是走在生命道路上的自我，在每个不同的岔路口做出自己的选择，但这也需要假设人能够自由地做出选择。然而，选择的自由也不过是自我幻象的一部分而已。

跟我一起做

记忆测试

下面的词汇在你之前读的单词表中出现过吗？

1. 细针
2. 河流

The Self Illusion

第4章

自由的代价：我是具有多种潜在可能的我

在 1966 年一个酷热夏日的中午，已经退役的海军陆战队员查尔斯·惠特曼（Charles Whitman）站在位于奥斯汀的得克萨斯大学的钟楼上，他在被警察击毙前的 96 分钟内发射了 150 发子弹，打死 14 人，令 32 人受伤[1]。得克萨斯大学枪击案是当代社会现象中群众枪击事件最早的案例之一。邓布兰小学枪击案、科伦拜恩校园枪击事件和弗吉尼亚理工大学枪击案等只是近期不断增加的、大量冷血屠杀案件中的一小部分。每当这样的恐怖事件发生，我们会问出相同的问题：为什么？在查尔斯·惠特曼的案件中，我们得到了一个答案：犯案时的他可能不是平时的他。

在他准备自杀的笔记中，惠特曼写下了他所体验到的冲动性暴力行为和内心的混乱。他有爆发攻击行为的历史和糟糕的家庭生活，但在接近奥斯汀暴行的几个月中，惠特曼认为事情在变得更糟。他写道："我希望死后可以验尸，看看是不是能发现什么生理问题。"他还要求在还清债务之后，所有剩余的资产都要投入到解释他行为的研究中。他知道自己是有问题的，而且很不幸，他的猜测是正确的。在他大脑深处的杏仁核区域有一个相当大的肿瘤。

杏仁核是大脑回路中负责情绪性行为的部分，这一部分的损伤可能导致在暴躁和气愤情绪中过度的摇摆不定。对杏仁核的过度刺激可以同样地导致动物和人的暴力进攻。惠特曼的肿瘤应该就是他冲动进攻行为的罪魁祸首。他的家庭也同样受到了影响，他滥用安非他命，并且在 1966 年的夏天承受了很大的压力，因为杏仁核上的肿瘤使他保持镇定的能力受到了损伤。但是现在我们知道他的头脑中长了肿瘤，惠特曼还需要对他的行为负责吗？是惠特曼杀了那些无辜的人，还是他的肿瘤让他这么做的？

还有一个奇怪的案例，一名 40 岁的男性产生了对儿童的色情爱好[2]。他意识到自己的恋童癖是不对的，因而花了很大功夫来隐瞒这件事，但最终还是被他的继女曝光并被送往了康复中心而不是监狱。然而，他还是忍不住地向工作人员和其他患者提出性方面的请求，最终他被驱逐出了康复中心。在他的入狱判决生效的前夜，他因为严重的头疼被送入了医院。在医院，他被检查出前额叶皮层处有一个肿瘤，这与抑制内驱力和性需求的区域是同一部位。当你是个孩子时，你需要前额叶皮层来克服想吃棉花糖的冲动；当你是一个成人时，你同样需要它来帮助你抑制打架、逃跑和发生性关系的冲动。

肿瘤是恋童癖行为的起因吗？在某种程度上来说，是这样的。当他的肿瘤被移除后，他的性需求减少了，而且在 7 个月后他被允许返回继女居住的家里。然而，1 年后他又开始收集情色作品，脑成像显示，他的肿瘤复发了，需要再做一次切除手术。可是为什么会有专门对儿童有性需求的肿瘤细胞呢？在我们对大脑、行为和心理之间关系的思考中，我们所用的方式可能是错的。

是我的大脑让我那么做的

神经科学家大卫·伊格曼（David Eagleman）认为，我们正跨入一个新的纪元，因为我们了解大脑是如何工作的，这迫使我们必须面对规定人们何时需要对他们的行为负责的困难[3]。这是神经伦理学的新兴领域，即研究道德的脑基础和我们应该如何行事。他证明了一点，就是当了解了惠特曼和恋童癖患者患有像肿瘤这种脑部异常时，很少有人会将错误归咎于他们。如伊格曼所指出的，问题在于随着我们对大脑工作方式了解的深入，我们会面临越来越多犯罪者因为某些生理异常而不需要为其行为负责的辩词。我们对大脑的微回路了解得越多，就会发现越多与犯罪行为有关的多种不平衡和倾向。社会最终会如何划定有罪的界限呢?

实际上，我们现在的状态是，你不需要任何生理异常的证据，只需表现出和平常的那个你不同的人格即可。这是加拿大陪审团对肯·帕克斯（Ken Parks）案件的裁决。1988 年，他驾驶了 23 公里到安大略的妻子娘家，用刀刺了妻子的父母，他的岳母因此死亡。之后，他以正常的状态来到警察局并说道:“我觉得我杀了人。”

在此之前，帕克斯很爱他妻子的家人，并被他们形容为“很绅士的大高个儿”。他的辩护团队提出帕克斯不记得他的攻击行为，他是在梦游。他们引入了“在梦游症假定的情节下，非精神病人在无意识行为中杀人”的辩护。他没有此类行为的历史，但是因为攻击行为是与其人格不符的，陪审团接受了辩护并判他无罪释放[4]。

但是，做出与性格不符的行为意味着什么呢？这一理论假定自我的统治权是被外部力量篡夺了的。如果所谓的外部力量不在我们体内，又是在哪里发挥作用的呢？如果说是我的背景和环境导致了我的行为，是不是会比说大脑让我做了某事更具说服力？我曾经与分别属于政治不同派别的两个成人讨论过判定有罪的话题。如你可能预期的那样，保守派倾向于看个人的错误，而自由派倾向于归责于社会。很明显，这些是没有明确答案的问题，并可能体现了我们的个人信仰体系。

很多法律体系都在实施《麦克·纳顿条例》（the M'Naghten rules），这是一个因 1843 年丹尼尔·麦克·纳顿（Daniel M'Naghten）刺杀英国首相秘书罗伯特·皮尔（Robert Peel）的先例而草拟的法则。它因精神错乱辩护及基于以下标准而闻名：

> 在实施犯罪行为时，由于精神病而处于精神错乱状态，不了解自己行为的性质，或者虽然他了解但不知道自己的作为是错误的或违法的，被告人不负刑事责任。

问题在于大多数人做的事情是自己认为正确的，我们总是能够找到方法让我们愚蠢的行为在回忆中变得有意义。同样，我们都做过没有经过充分考虑后果的事。这些也可以算作例外吗？这样的话，我们该如何确定将哪些事列入与个性不符的标准？一次性的行为就比某些人重复性的犯规行为要恶劣吗？一方面，如果一个人反复地犯罪，那么他们也许是没有能力控制自己的行为的，或者从没认为自己做的是错的。另一方面，如果有人只做错了一次，是否意味着这样的犯罪者应该被更严厉地惩罚，因为他们理应更了解是非？

这些正是 2010 年公众被一名来自英国考文垂的 45 岁银行雇员玛丽·贝尔（Mary Bale）所做的残忍罪行所激怒时，所使用的论据。她在 8 月的一天晚上步行回家时看到了一只趴在花园墙上的可爱小猫，它的名字叫洛拉（Lola），4 岁大。玛丽每天都要去医院探望生病的父亲，路上常常会停下来逗逗这只小猫。这一天她又停下来拍了拍这只猫，但之后她向四周看了两圈，然后抓起小猫的颈背，打开了附近的可回收垃圾桶的桶盖，利落地将猫扔了进去，愉快地走回了 3 条街以外的家。

对玛丽来说倒霉的一点是，她卑劣的行径被猫主人家的监测系统记录了下来，主人将它发到了 Facebook 的主页上。录像迅速地传遍了全球，来自世界各地成千上万的人称这个女人“比希特勒还狠”。当玛丽最终被从录像中辨认出时，她因罪行被拘捕，同时也因为受到死亡恐吓而被警方保护了起来。

是什么让这个平凡、正常的银行职员做出了那么冷血的残忍行为呢？玛丽一开始说她想到将猫扔进垃圾桶时，“突然觉得那样会很好玩儿”。之后，她又声称自己的行为是脱离人格的，自己已经没有对当时情景的记忆了。当然，这在道德上只是一次行为有失。当她在 2010 年 10 月被审讯的时候，法庭接受了她正处于压力下这一说法，因为她不得不离开银行的工作，父亲也刚刚离世。但法庭对她比对肯·帕克斯少了几分理解：玛丽因虐待动物获罪，需要赔偿一大笔款项并在 5 年内不能饲养小动物。或许这更详细地说明了，英国人对宠物的感情比对瞬间的疯狂行为的宽恕意愿更强烈。

自由意志的麻烦

多数人认为，除了受到胁迫或罹患心理疾病，我们都拥有自由地做出决策与选择的能力。认为人们的决策并非预定，我们可以在选项中自由选择的想法十分普遍。大多数人所认为的拥有自由意志是这样的：人类行为是个人选择的体现，不受外力、命运或其他因素的左右。换句话说，我们的自我是可控的。

然而，神经科学告诉我们这样的想法是错的，自由意志也是自我幻象的一部分，它不像人们所想的那样。

我们以为自己拥有自由，但实际上我们没有。

如此一来，我们就要重新思考我们是如何使用自由意志的，或者缺乏自由意志只是我们对自己思想和行为的借口。例如，我认为我刚刚输入的字句是自己的选择，我刚才正在思考我想说的内容及叙述的方式。我不仅拥有写这行文字的意图而且还具体执行了，我的确写下了它。我知道自己是正在做这件事的人，我感受到了我的行为所体现的作者身份。

质疑我的自由意志似乎是荒谬的，不过，虽然我讨厌承认这一点，这些经历并不真如我体会到的那样。这是因为一个人所做的任何选择都一定是多方面隐性因素相互作用的结果，它们包括遗传、生活经验、当时的环境和预定目标等。其中也一定有一些影响来源于外界，但它们都依照大脑内部神经活动的方式产生作用。这是在我的神经结构中分布的神经细胞网络的激活。我的偏好、我的记忆、我的感知和我的思维体现了我大脑中兴奋或抑制的交流模式，当核查与权衡完成后，这些复杂的相互作用汇总所得的结果就是我所做出的决策或选择。我们意识不到这些影响，因为它们是无意识的，因此我们觉得决定是独立产生的。这是哲学家斯宾诺莎意识到的问题，他写道：

> **人类错误地认为他们是自由的、他们的选择是在他们对自我行为有意识的情况下做出的，他们对决定他们行为的根本茫然无知**[5]。

同样，在逻辑上不存在自由意志，所罗门王也没有在我们的大脑中决断。我们已经讨论了为什么在我们头脑中做决定的小矮人是不存在的，因为这一结论只会引发一个无限逆推的问题：他们的头脑被谁控制？再向内还有什么？……我们也不会认同“机器里的幽灵”的说法，那是科学家们根本无法研究的引入了精神作用的理论。

如果我们将自由意志从程式中移除，一些人便开始担忧某种宿命论会被列入选择，即认为所有事情都是预定的，我们的生命只是简单地完成一个被命运操控的复杂游戏中的既定动作而已。很多人对这一观点充满恐惧，因为这意味着我们完全没有创造未来的控制力。未来真的不是早已注定的吗？

面对这样的存在危机，有些人找到了将随机性引入考虑的方法。如果没有精神，只有物质统治着我们和我们存在的世界，或许物质比人们所想的更难预测？一个似乎很吸引人的摆脱宿命论的方法就是排除对大脑最细微层面的可预测性。我们进入了神秘而奇妙的量子物理世界，在这里，我们已知的操纵物理世界的规律都不再有效。如果这些规律消失，我们大脑工作的可预测性也随之消失，从而为选择的随机性留下了一扇虚掩的门。

迷人的夸克

量子物理世界是神奇的。它不遵循任何正常世界的定律。物质可以突然出现或消失，同时存在于两个空间并且不符合牛顿力学世界中运行的物质规律的任何一种。简单来说，量子物理展现了物质的基本组成模块，亚原子微粒明确地遵循着不可预测的方式运动。它们以“不确定”为人所知。它们也不像牛顿力学世界中的物质那样运动。这些物质的基本粒子被称为“夸克”。它们的不可预测性从根本上击败了宿命论，因为这意味着在量子级别上，因果规律是没有作用的。这一观点的支持者提出，如果宇宙中的物质天生就是不可预测的，那么人们的选择就绝非注定的，而且未来存在着多种潜在的可能性。因而，量子不确定性让我们之中坚信人能够自由决定自己命运这种可能性的人安了心。

使用量子不确定性解释自由意志的问题之一在于，大脑内神经元网络间的信息传输发生的级别比可观测的存在不确定性的亚原子微粒级别大得多。这就像是说一粒组成砖块的沙子，可以影响到由上万砖块建造的大教堂的结构，甚至是在此基础上建立的社会一样。更重要的是，即使量子级别的随机性某种程度上会转化到大脑分子级别的活动和宏观的社会中，它也不是一种对于大多数人所体会的令人信服的关于自由意志的解释。决策不是选择而是随机事件的结果，这也不符合自由意志。如我在自己另一本书《超级感觉》（*SuperSense*）中调侃的，即使真的存在发挥着自由意志的机器中的幽灵，我们也不希望一做选择就掷硬币。

我们对自由意志的信念不仅反映了在日常生活中控制行为的个人客观经验，也反映了对决定我们决策的有意识及无意识机制的无知。很多人因这样的结论而深感不安，好像他们的生活已经是可预测的一样。引用丹尼尔·丹尼特的一句话："当我们思考自由意志是幻想还是现实时，我们是在俯瞰深渊。我们面临的可能是突然陷入虚无主义与深深的绝望[6]。"

它为何会如此令人绝望？生命中的许多事并非它们看起来那样。我们的知觉全部是幻象这件事之所以有争议，是因为我们没有任何通向现实的特权通道。我们的内心是模拟现实的矩阵。即使物质世界不像我们所感受到的，量子物理揭示出组成一个实心砖块的空隙比物质多，对砖块的本质更深的理解能够改变当别人向我们扔砖时我们所做的反应吗？当然不会。

宿命论的悲观观点同样是没有根基的，因为我们不能简单地以任何有意义的方式理解因果关系的模式。除了我们下面将要讨论的简单动作之外，构成我们精神生活的基础过程的复杂性将会证明，任何程度的确定性预测都是不可能的，它同样是随机且不可测的。这就像看一场足球赛一样，我们可以欣赏受物理定律掌控的球员与球的运动，但是这并不意味着你可以准确预测比赛中的动作产生的结果。最好的情况下，我们或许可以大概猜到将会发生什么，但借用一个工程学的术语，由于有太多的自由度，我们无法准确预测系统将会怎样运行。

自由度太多的问题意味着，你每增加一个变量都会对你的决策产生影响，你在改变系统的可预测性。

让我们再思考几个数字。有 500 个神经元的时候，可能出现的不同连接模式可以超过可观测宇宙内的所有原子总量。当有 10 亿神经元，且每个都有高达 1 万种连接时，这意味着大脑的状态有近乎无限种可能。所以想区分大脑每一种不同电活动的模式是根本不可能的。还有一个问题在于，没有两个相同的大脑。即使对水蚤这样简单的生物体进行完全的克隆，在相同环境下成长后也会产生不同的神经连接模式[7]。所以，任何对某一个大脑绘制的图谱都不能直接应用到另一个大脑上面。

给可预测的宿命论最后一击的是，成千上万种不同的大脑状态都可以产生相同的结果。在哲学中它被称为“多重实现”（multiple realizability）[8]，不过我更喜欢用熟悉的短语，即“达成一个目标有多种方法”！这表示许多不同的大脑活动模式都可以产生相同的思维和行为。个体的行为与大脑活动没有特有的一一对应。例如，科学家观察了一种比人类大脑简单得多的神经系统，即一只龙虾的肠子，并小心翼翼地记录了尽可能多的控制消化运动的神经活动模式。他们发现，几千种不同的模式引发的是相同的行为[9]。对任何细胞来说，都有许多种和其他细胞连接的活动模式，它们都能产生相同的结果。

用多重实现解释人类大脑时同样说得通。换言之，我们的思维和行为通过多种不同的活动通路得以实现，这是件好事。你要记住，神经网络是规模庞大的网络，这意味着同样的神经可以被多种激活所触发。这种网络结构解释了思维领域所具备的速度、复杂度，还有最终的丰富性，但是也意味着你永远不能准确地定位，即使在同一个个体的大脑中。

忽略掉大脑活动在数学上的复杂性，许多人仍对用唯物论解释精神持深深不满，即使它是不可预期的。我们更愿意相信自己不仅仅是一台进化出了重复能力的运算仪器，不单单是一台有肉的机器。或许还有什么没被发现却存在的能力？毕竟，我们总被提醒，宇宙中的大多数事物都是由我们知道却无法测量的物质组成的，但既然科学家们承认他们不知道所有事情，他们又怎能排除对于精神及自由意志的非物质解释呢？

答案是：他们不能。科学只能调查和评估世界上不同的模型，而这些模型只是宇宙真实状态的一种近似值，坦白地说，我们永远无法了解真实的宇宙。但是，科学一直在通过重新定义更符合证据的模型而不断进步，这些证据出自我们的观察。然而，有时观察也会出错。对于自由意志来说，大麻烦在于它的真实感只存在于感觉中。我们都认为我们的思维先于行为发生。随着时间向前推移，我们体会到是自己的思维引发了行动。通过一个简单的按键操作，结果我们发现这样的信念是错误的。

当行动在我们意识到前出现

跟我一起做

想象我让你按一个按钮，请在任何你想要按的时候按下它。换句话说，你选择做这件事的时间完全取决于你。过一段时间后，你下决心要去按那个按键，瞧，你这么做了。还有什么例子能比这更清晰地体现自由意志呢？没有了，除非你刚刚经历过人内心最引人入胜的奇妙幻象。

在20世纪80年代，加利福尼亚的生理学家本杰明·利贝特（Benjamin Libet）正在研究引发运动和肌肉活动的神经冲动，在大多数类似于用手指按键的自发肌肉活动之前，大脑运动皮层区负责产生最终手指运动的区域会产生一个神经激活。这被称为“准备电位”，是控制手指活动的一连串脑活动的先兆。当然，在做决策时，我们也会在真正按键之前经历大概1/5秒的有意识的意图，或者说是自由意志来发起按键动作。奇怪的是，利贝特发现动作电位开始的时间与个体体会到按键的有意识意图的时间点并不吻合[10]。

通过让成年人看一个钟表，上面有一个每2.65秒旋转一周的点，利贝特发现人们在准备电位激发整整半秒钟后才感受到按键意图。换种说法就是，大脑在被试意识到自己的决定之前就已经准备好按键了。这个间隔至少是决定按键到手指真正做出动作的时间的两倍长。

这表示，当我们认为自己在有意识地做决定时，这个决定已经在无意识中做出了。实际上，我们的意识一直活在过去中。

或许有人认为半秒钟实在太短，但近期，研究者们通过脑成像已经可以将这一间隔延长到7秒[11]。他们可以在大脑活动的基础上预测被试最终会按下两个键中的哪一个，这令人震惊。如你能想象的，这样的发现对很多人来说是一场大骚动。我们怎么能与身体这样毫无关联呢？我们没有意识控制吗？自发行为的关键是我们既感受到了行动意图，又感受到了完成意图的努力。我们感觉到自己首先决定做某件事，之后才是动作的执行。但是脑科学告诉我们，在这些经验中，对意图的感知发生在事实之后。

然而，利贝特的发现并不意味着意图不能先于动作发生。我们都可以对未来做出规划，换一种说法就变得可笑了。例如，早上我决定查一下邮箱，在下午行程结束的时候我这么做了，我先做出了动作的计划，之后才执行了它。我大脑中没有检查邮箱的准备电位。同样，还有很多行为是未经意识思考而发生的，感谢上苍这样安排。试想，如果你需要预想自己被堵在路上，那你会变得很绝望。无论是长期目标还是被外界激发的自动行为，两种情况中的意图有的是提前产生的，有时也并不如此。利贝特的研究证实，我们的行为不总是跟随意图发生。

利贝特的发现实际上是指，在我们被要求既要产生一个行为意愿又要执行这一行为的情境下，准备动作是先于我们对意图的意识而发生的。很多人都觉得这很不可思议。然而，神经科学家对此却不那么惊讶，因为他们知道大脑既产生动作也产生意识。这使得公正和客观的评价变得没有可能性。另一个解释事件时间过程的问题是生成意识的大脑活动不是一个单独的时间点，而是分布各处的。换言之，即使我们能在做出决策的瞬间意识到，这一过程也一定经历了某些阶段的加工了。虽然它似乎就像自发地在我们动动手指前发生，却并不是这样的。斯宾诺莎在 350 年前就已经发现这一点了。

对利贝特的发现及对一般而言的自我的真正本质的一大误解在于，当一个人意识到要实现目标时就不会同时消极地等待动力的出现了。我们无法走出自己的内心说："对，这就是我感受到动力的时候，而这是我实际开始做的时候。"鱼与熊掌不可兼得，正如哲学家吉尔伯特·赖尔（Gilbert Ryle）[12] 所指出的，在找寻自我的时候，一个人不可能既是猎手又是猎物。这样的假设反映了我们天生都是相信二元论的，即认为我们的心理与肉体是分离的。

我们可能认为自己的心理控制着肉体，但是这只是关于自由意志和控制力的幻象。当我们主观的有意识意图稍提前于略有延迟的行为的实际执行而出现时，就会产生这种幻象。我们知道这样的计时是很严格的，因为当我们将感受到行动意图与执行行动间的联系割裂开时，我们就失去了有意识行为的体验。这就是当我们感觉自己的身体不受控制时发生的事情。

拥有两个内心的人

大多数时候，我们觉得自己能够控制我们的行为。当然，也存在如反射活动这样不被意识控制的例外，像之前提到过的，大笑和打哈欠这类行为在人群中有着令人吃惊的传染性，但是我们日常生活中的大部分行为都是受自己控制的。然而，大脑损伤会改变这一切。当我们的大脑受到损伤时，就会丧失对身体的控制。瘫痪就是最常见的例子。我们的四肢或许完好无损，但如果我们大脑的运动中心损坏了，那么无论我们有多么强烈的意愿，瘫痪的肢体都不能再动了。虽然有时我们身体的某部分会自行运动。举个例子，异手综合征是描述病人无法控制某只手，觉得它受到别人控制或它有自己的意志的状态[13]。这种病症也被称为“斯坦洛夫博士综合征”，是为了向斯坦利·库布里克（Stanley Kubrick）执导的1964年上映的电影致敬，彼得·塞勒斯（Peter Sellers）在片中扮演了坐在轮椅上的核战争专家及前纳粹成员，他的手不受控制地行纳粹军礼，并试图扼死自己。斯坦洛夫博士综合征可能有些奇怪，但是有一个基于研究的完美而有说服力的解释，那就是每只手都由对侧大脑相对独立地控制。

大脑的大多数加工和输出是单侧性地通往对侧脑半球的，其中原因恐怕只有大自然母亲才知道。如果你在人体中心想象着画条线，那么所有来自世界左侧的信息都会通向大脑右半球。同样，所有来自右侧的信息都会在大脑左半球处理。对于动作也是如此。大脑左半球控制右侧肢体，大脑右半球控制左侧肢体。如果你的大脑左半球受到严重损伤，那么你的右侧肢体会发生偏瘫，反之亦然。

某些技能也是趋于单侧化的。例如，大脑左半球控制语言，而大脑右半球则更擅长加工空间视觉。这就是为何大脑左半球损伤会损坏语言能力，病人会罹患失语症，即无法生成话语，而大脑右半球损伤能够保留语言能力，但是常常影响患者对物体的感知，尤其当物体处于他们左侧空间时。

我们还不了解大脑两个半球在生成思维和行为中的分工。这是因为大脑两侧通过被称为胼胝体的很大一束纤维相连，因而能够交换信息。这样的交换也会产生引发癫痫的不正常电活动，它起自一个脑半球，然后扩散到双侧大脑半球并引起大发作。癫痫会使人非常虚弱，但通过切断连接双侧大脑半球的胼胝体纤维，大脑的不正常电活动可以被控制在初始的一侧，从而避免传到大脑的其他部分。这种方法能够减轻最严重的癫痫症状。

这一手术的结果是产生了裂脑人。大脑的两半球继续相互独立地工作，但是你很难发现其中的不同。裂脑人无论看上去还是行为上都很正常，这引发了为什么我们一开始要将大脑的两部分连接起来的问题。实际上，裂脑人是不正常的，他们只是能够在脑活动交换缺失的情况下，很好地弥补正常时在完整的大脑中两个脑半球间来回的信息交换。

神经科学家迈克尔·加扎尼加（Michael Gazzaniga）[①] 展示了这些裂脑人能够让两侧身体用不同的方式思考和行动。

---

① 他的著作《双脑记》中讲述了裂脑实验的形成之路以及认知神经科学从诞生到繁荣的曲折历程。该书中文简体字版由湛庐文化策划、北京联合出版公司出版。——编者注

自我实验室

> 加扎尼加最戏剧化的观察听上去与斯坦洛夫博士综合征很相似[14]。他让一个裂脑人仅用右手完成一个拼图，理解指导语由大脑左半球语言区控制。然而，这是一个空间拼图，其中的图块必须要放在正确的位置上，这是一种需要大脑右半球活动的情境。病人的右手非常绝望地将拼图转来转去，在绝望中，病人一直被压制的左手突然跳了上来，并试图将图块从右手中拿走。整个过程就好像两只手拥有不同的人格一样。

有时这种失去控制的情况会出现在全身。法国神经病学家弗朗西斯·莱尔米特（Francios Lhermitte）报告了一个被称为“环境依赖综合征”的奇妙的状态，病人会盲目地重复医生的动作[15]。像妥瑞氏综合征病人必须模仿每一个人的行为一样，莱尔米特的病人也不得不模仿医生的每一个动作。一次，这位法国神经病学家在办公室中像祷告一样跪了下来，于是病人也模仿他，低着头并将双手像祈祷时一样合十。其他病人会呈现出相关的被称为“效用”的行为，他们在看见某个东西时会不自觉地激发相关的反应[16]。这类病人会从附近拿起杯子并开始用它喝水，即使杯子是空的或者是别人的。在所有这些例子中，病人的行为都由外部事件触发，并非他们的自愿行为。他们会为自己的行为辩护，似乎他们是自愿的，实际上是环境中的某些东西控制了他们的行为。

伟大的魔术师

当不受奇怪的神经性失调折磨时，大多数人会觉得自己是处在控制中的，因为有意识的心理状态与在每天的经历中产生的行为间的配对证实了我们能够自由地控制我们的行为，而且是在行动开始前。但是如果自由意志只是幻象，为何我们对它的感受如此强烈？为何我们需要自由意志的体验？为何它会展现出来？

哈佛心理学家丹·韦格纳（Dan Wegner）解释过我们进化出对自由意志的生动体验的原因[17]。韦格纳提出，我们的大脑通过“我觉得我做过了”的体验来解释行为，并以此作为记录决策和行为的有效方式。这是因为多重有意识或无意识的影响和加工会导致选择过于复杂或难以监控，所以我们通过记录结果来形成一种做过决策的感觉。例如，当我们在一个派对上想要给某位宾客留下深刻印象时，试想一下所有让我们感觉有必要这么做的原因，包括社会焦虑、被拒绝的恐惧、成为注意力中心的需求，等等。我们会做什么？我们通过以往情境的经验想到了一个策略：我们决定讲个笑话。我们会监控它的结果，并将它存储起来留作以后的派对参考。我们选择了说笑话，那我们可以自由地做出另外的选择吗？当然，我们认为是我们做出了选择，但有许多像过去经验、现场的社交规则和规矩这样的因素影响了我们的选择。当我们的行为出了偏差或做出了失礼的事，我们会感受到自我意识，会非常尴尬，然后悄悄地质问自己：“我刚才在想什么？”

我们的思维与行动拥有自由意志的体验将我们以发起者的身份与这些决策相联系，即使有时候事实并非如此。通过这种方式，对自由意志的感受可以帮助我们记录自己做了什么、没做什么、在未来我可能或不可能去做什么。只要我们的有意识意图先于动作出现，我们自然会认为是我们有意让其发生的。

这种对行为的掌控感需要一个统一的自我感知幻象。毕竟，了解该由谁负责是必要的。韦格纳[18]称这个主体为“伟大的魔术师”。当我们做出行动时，我们更倾向于从独特的自我的视角解释行为的后果。这会引发一些有趣的结果。比如，我们对自己的行为的记忆优于对他人行为的记忆。无论这些行为是行走、扔垃圾或拍手，人们对自己动作的识别都比对其他人动作的识别更好。

自我实验室

> 事实上，我们似乎都对记住行为与我们有关的人有种偏好。在一项研究中[19]，个体通过从碗中选取或从研究者手中接过两种方式拿到纸条，然后研究者朗读与每张纸条上的密码相关的词汇。在个体们没有意识到实验目的的情况下，相较于从人手中接过纸条的个体，从碗中选取纸条的个体记住了更多的词。这是由根本不重要的行为所产生的结果，但是因为大多数人都倾向于关注自我，因此我们会对自己做出选择的事给予特殊的关注。

然而，正如虚假记忆一样，有时我们对行为的掌控感也可能是假的。例如，当我们计划做一件事时，有时我们会忘记自己是不是已经做过了。如果要求被试反复地想象折断牙签的动作，当一周后让他们回忆他们的行为时，他们会很难确定自己是不是真的折断过牙签[20]。这就像你努力回忆自己是真的投了信件，或只是想象自己投递了，那你到底有没有投呢？可笑的是，通过在心中建构这一行为的图像，我们会变得越来越疑惑。仅仅是看别人的动作，比如看一个人摇晃瓶子，也可能导致我们觉得是自己在做那件事的虚假记忆。无论是想象自己的行为还是看别人的行为，我们都可能错误地认为自己是动作的实施者[21]。而这一现象的原因又回到了我们大脑中对实际做过的行为、想象中的行为和别人的行为做出反应的镜像系统，如果存在行为的创造者，那么它们有时会通过抄袭他人的内容来完成自己的故事。

韦格纳认为行为的创造就像心智的指南针，它为我们在复杂的日常生活中指明航向。它就像是自动驾驶仪，依照航向、条件和地磁北极驾驶着船只。不过船上没有手握罗盘的船长掌舵，因为它会直接带领我们回到控制之下的自我幻象。

从现在开始，你会觉得很困

“如果你盯着我的手表看，你会感到很困。你会感觉眼皮变得越来越重。你努力想睁着眼睛，但是却做不到。你越是尝试睁开它们，你就越想睡觉。”这是一段人们很熟悉的催眠师使用的指导语，他们用这样的方法让人们对自我行为的控制变得松懈。在人们放弃对自由意志的个人感知这点上，催眠可能是最好的解释之一。

为什么会如此呢？催眠似乎是别人通过外界来控制我们的某种神奇力量，比如从目光锐利、留着山羊胡的催眠师眼中传出的能量和他那迷惑人的手指。在现代文化中，催眠师总被描绘成用奇异力量来控制他人意志的人。然而，这只是关于催眠的传说。催眠之所以有效，是因为我们不仅生来会模仿别人，而且会在某些情境下做别人让我们做的事情。如果你把让我们处于放松情境，并让我们感到身体不再被自我支配的诱导技术与催眠相结合，那么催眠一个人就更简单了。即使我们知道自己在被控制，我们还是放弃了抵抗。这没有什么可奇怪的。

设想在一个晚宴上，你已经吃得很多了，但主人还要让你吃蛋糕：“再吃点儿吧，多吃一小块不会怎么样的。”大多数人都经历过这种社交性压力并选择妥协，因为让我们顺从它的力量太大了。同样的压力在餐厅却不会奏效，而且我们还会对那个坚持让我们多吃一点儿的服务生产生怀疑。在大多数餐厅中我们都是自己做主，而不会听命于任何人，除了那些贵得让我们感到心虚，并相信餐厅领班的权威的地方。晚宴的情境不同于餐厅，是因为它首先是一个社交场合，而我们愿意服从集体或是负责人的意愿。我们变得易受那些我们想讨好的人的影响。这是因为我们天生倾向于服从他人。

在催眠状态下，我们同样被要求服从于他人的权威，最终达到参与的行为是我们认为自己没有必要去想会做出什么的程度。同时，我们也是自愿的牺牲者。一方面，许多人找催眠师是为了辅助他们的戒烟或减肥计划。另一方面，一些人花一大笔钱就是为了看一次舞台催眠，他们期待看到正常人在不受自己控制时做出癫狂的事情。在这两种情况下，人们都预期催眠会有作用，而且我们是情愿服从的。

催眠的技术很多，但是大多数催眠状态是通过一系列渐进的服从行为产生的。在舞台表演中，催眠师通过让观众做一些机械动作，如让双手紧扣来迅速找到最容易被暗示的人。之后他会告诉他们，他们的双手被胶水粘在一起了，无论他们多使劲儿也分不开。这一种简单的技术可以分辨出那些愿意接受催眠师暗示的人。另一种诱导技术依赖不同的自动幻象，比如让某人在一臂距离之外保持手掌分离。由于肌肉疲劳，在这种情况下我们的双臂会自然地移到一起，但是通过告诉个体他们的身体不受控制，并允许他们见证自己身体的无意识行为，就是让人进一步放弃对自我的控制的步骤。从这时起，催眠师会关注这些个体并控制他们。大概 1/10 的人[22]是容易被暗示的，这意味着只要观众数量合适，总会有足够的、能被操纵着学狗叫或像吃苹果一样吃洋葱的合适的志愿者。

与常识相反的是，被催眠的人并非失去意识。大多数被催眠过的人报告，他们能够意识到自己的行为，但是他们不觉得是自己在控制它们。

有些人报告说那种状态就像做梦一样。许多人说他们觉得自己被催眠了，他们谈论更多的是别人预期他们应该说什么。值得注意的是，那些认为自己会很容易地被催眠的人恰恰是那些被催眠成功者[23]。

关于催眠实际上如何起作用的解释有很多种。对脑活动的不同测量都显示出，被催眠的人进入了一种不同的意识状态中[24]。然而，另一个学派认为催眠只是激活了角色扮演行为[25]。因为人类太有礼貌，所以我们总是去扮演群体期待的那个角色。关于催眠期间所发生的变化的学术争论还在继续，但是催眠可以被公正地总结为一种个体所做所想不受自身控制的真实现象，被催眠者的自由意志暂时性地被催眠师或所处的社会情境劫持了。

“转发锦鲤”背后的心理机制

迷信也会迫使我们做一些不受自己控制的事情[26]。你在走路时会刻意避开人行道上的砖缝吗？你会在撒出盐时取一点扔过肩膀吗？你有没有幸运符？这些只是我们迷信仪式的一部分。虽然我们可能很清楚这些迷信不会影响最终结果，许多人却觉得为了以防万一，还是应该这么做。一些迷信行为来自文化传统，经年累月，一直流传至人们遗忘了它们最初出现的背景。像出生、节日、结婚等这类为我们的生命打上标记的重要事件，都是混合着古老的迷信成为传统的。我们会在相应的时刻这样做，因为这是人们所期待的。

许多人还拥有个人迷信行为，它们可以在某种程度上削弱压迫感，而压迫感会妨碍我们理性控制的能力。这是因为我们大脑中运行着两套机制。

第一，大脑的进化允许我们在世界中搜寻模式并解释事情发生的缘

由；第二，在重要场合前，我们会因不确定性而感到压力，并觉得需要做点儿什么才能有控制住局面的感受。

我们天生就通过因果法则看世界，所以当事情发生时，我们会假设发生了某些偶然事件，并开始搜索合适的备选。问题在于，我们常常进行错误归因。这就产生了一种被称为“后发者因之而发”的认知幻象，这个词来自拉丁语，意思为“在它后出现的一定是由它导致的”。在迷信行为中，这一现象尤其明显。

自我实验室

> 在一项实验中，实验参与者需要操作一台有杠杆和灯的机器[27]。这个机器的最重要之处在于它会不定时地发奖励。参与实验的人认为，当找到正确规律后机器就会按照奖赏模式运行。很快，人们就会按照复杂的顺序反应，认定他们的动作能够决定机器是否送出奖励。一个女性被试甚至认为在某点上下跳会触发奖励。实际上，人们的行为和结果之间根本没有固定的联系。

在现实生活中，迷信行为最普通的例子就是运动和赌博，这两种活动都与随机性和运气息息相关。你可能在“21 点”游戏中非常幸运，这会让你尝试找出导致这次成功的不同之处，这样你就能重复这个获胜准则了。可能不同之处是你穿了某件衬衫或吃了什么东西，下一次入局前你会尝试重复同样的行为，如果又赢了，你就已经拥有某种迷信仪式了。大卫·贝克汉姆之前在 AC 米兰足球俱乐部踢球时，他的队友就总是通过在他得分后拍这位英格兰前锋的屁股这样的迷信仪式来留住好运[28]。当然，这是队员们给出的解释。

迷信行为形成的第二个原因是它们是应对不确定性的一种方式。它们总在有冒险成分的情况下出现[29]。这些会一时给予个体他们所做的事情能够对结果产生影响的幻象，而事实上他们什么也控制不了。如果你将一个人的掌控的感觉夺走，那么他们在面对未知情境时会很有压力，因而产生焦虑，而焦虑会损害免疫系统及理性思考的能力[30]。迷信行为的产生其实是为了预防消极的压力过大，因此你常常会在危险场合看到迷信行为[31]。

消防员、飞行员、海员和士兵这些职业因为其高风险而和迷信意识紧密相关，这类职业之中我最喜欢的是俄罗斯宇航员与他们起航前的仪式。在微软的亿万富豪查尔斯·西蒙尼（Charles Simonyi）搭乘苏维埃火箭绕国际空间站运行前，他加入了同伴们的仪式，即对着搭载他们到发射场的巴士后轮撒尿[32]。这一迷信起源于尤里·加加林（Yuri Gagarin）参与的第一次载人空间飞行，现在已经成了所有俄罗斯火箭搭乘者的仪式。

问题是，如果你认为某些结果出现与否源于你做不做某件事，那么每件事情都可能是仪式。当仪式开始控制你的生活时，它们也会控制你的行为，于是你便进入了一个没有选择自由的绝境，因为你的情绪已经超越了自由意志。

一个不停打扫的妇人

强迫症是一种比无害的迷信更能干扰和削弱自由意志和自我控制的障碍。我以前从郊区的家开车到布里斯托大学的办公室时经常遇见一位年长的女士。有时，我会看到她在与邻居聊天，但大多数时候她都让自己的脸尽可能近地接近地面，并保持弓着腰的姿势。一开始，我以为她一定是丢了什么重要的东西，或者在人行道上看到了特别的昆虫。我很好奇，她到底在看什么？有一天，我将车降到能看到她在干什么的速度。我发现她正认真地将人行道上的小碎屑捡起来。原来她在清理家门前的街道。有时她的手上会拿着刷子和容器，但大多数时候她似乎更喜欢精细又辛苦的手工操作。

这位老妇人有洁癖。虽然我从未与她交谈过也没去过她家，但我打赌她家一定极其干净。她家里的每件东西肯定都放在正确的位置，而且干净得没有一点儿污迹。毛巾叠得整整齐齐，全新的肥皂放在洗手盆边，厕纸的末端会是翻折的，所有东西都有消过毒的味道。在属于她自己的区域，我想会是一种超自然的清洁状态，她把住房周围的街道也算在内，因此她对每天被风吹来和路过行人掉落的小碎屑也很关注。

这位一直在打扫的女士的行为，很符合正常人群中有 1/50 患病率的强迫症的诊断标准。在很多强迫症实例中，患者们表现出对没有做某件事导致的后果的担忧，比如锁门和关电闸。最常见的一件事就是我们会在旅行中一次又一次地检查是否带了护照。无论确认过多少次，我们还是会为了万无一失而不得不查看一下[33]。很多人还有一些日常做事的习惯，并且不习惯去打破它们。它们可能是你阅读早报章节的顺序，或者你开始一天工作的方式。有时这些习惯也会成为控制和支配我们生活的仪式。在一个典型的例子中，一个患有妥瑞氏综合征的男孩的强迫症使得他必须在一个白色路标前正确地迈出脚步。在 2001 年 9 月 11 日的早上，他忽略了要去做这件事，最终因为认为恐怖袭击事件是他个人的责任而受到了精神创伤[34]。

强迫症患者的大脑

强迫症的症状包括强迫思维（不间断的侵入性思维，一般与坏的事情有关）和强迫行为（对抗强迫思维的重复的、仪式性行为）[35]。卡伦是一个 34 岁的母亲，她有 4 个孩子，她曾经相信除非她持续某种计数仪式，否则厄运会降临到孩子们头上。例如，当她一边抽烟一边喝咖啡的时候，一定要连续抽 4 支烟之后喝 4 杯咖啡，不然她的孩子就可能出事。她知道这是不理智的，但是如果她不执行这种计数仪式，她会变得十分焦虑[36]。这构成了一个循环，通过做出仪式性行为来减轻心理上的痛苦，强迫症在患者身上被强化了。

一开始是什么引起了这种仪式的循环呢？折磨患者的强迫思维源自对于像担忧污染这样可能构成真正威胁的忧虑。出问题的地方在于他们对所感到的心理压力与纾解压力的行为之间的权衡。虽然还未彻底明确，但是这一定是与脑病变相关的，而且与妥瑞氏综合征有关。强迫症在家庭成员间的遗传概率很高，而且在同卵双生子中出现的概率高于异卵双生子。

如今的一个解释[37]认为，在大脑的前额叶皮层、前扣带回皮层和基底神经节中的尾状核存在一种活动失调，即“强迫症回路”。脑功能成像研究显示，强迫症患者的皮层基底神经节网络的活跃程度高于正常个体，而且会随症状严重程度而增强，但是在成功治疗后会减弱。

前额叶皮层负责计划的执行，以及对思维和行为的抑制。前扣带回皮层与前额叶和中脑的边缘系统相联系，是与动机相关的区域。前额叶皮层与前扣带回皮层可能暗示着引发仪式行为的刺激的重要性。尾状核则参与产生意图性的行为。例如，这一区域的损伤可能导致运动启动能力丧失，如帕金森综合征，或运动停止能力丧失，如亨廷顿舞蹈症。增强神经递质 5- 羟色胺活动的药物能够降低尾状核的活动，人们发现它能够减轻强迫症症状。但是这并不意味着强迫症的原因就是尾状核的过度活动。相反，它只是行为产生的结果，因此缓解压力的治疗也会对尾状核活动产生抑制作用。

冲动与仪式性行为的脑回路方面的研究，是另一个支持我们的经验只是幻象的证据。这些工作揭示出，我们生活在目标与驱动力的持续竞争冲突中，对于一些不幸的个体，他们病态的行为就是竞争变得不平衡时表现出来的。这又关系到有关网络的比方。你可能认为这些受害者拥有不受控制的自我，就像成瘾者想要戒断一样不想继续陷入仪式之中。然而，唤醒理想的自我形象却并不意味着这个“伟大的魔术师”一定存在。

为什么看恐怖片时应该喝可乐

麻美是一个寡言少语的 24 岁前芭蕾舞演员，有着完美的面部轮廓和黑色的长发，属于典型的亚洲美人。虽然她在荧幕上是脆弱清纯的形象，但是她在三池崇史执导（Takashi Miike）的恐怖片《切肤之爱》（*Audition*）中出演的虐待镜头十分经典，可谓惊悚且让人难以忘记，并因此造就了该影片的恶名。因为认为所有男人都是虚伪的，漂亮但有心理问题的麻美告诉她的爱人青山：“只有痛不会撒谎，”然后她将针刺入了他的眼睛，并轻声细语地说，“再深一点……深一点……深一点。”之后她用锯锯断了他的左脚，同时带着像个孩子般纯洁的开心笑容，我们看到的却是血腥的场面，听到的是锯碰到骨头发出的声音。场景太过惊悚，这让很多观众缩进了椅子、捂住了眼睛，有的人甚至直接逃出了影院。

利物浦大学的心理学家马特·菲尔德（Matt Field）在他的心理学实验中播放了著名的《切肤之爱》的经典片段给被试，以进行一项自我控制实验。一半学生被试被要求不许离场也不许表现出任何情绪。他们必须控制住恶心的感觉，并且咬着牙看完暴力镜头。另一半学生被试也是观看同一段虐待场景，但他们可以表露出自然的情绪。被试们都因情节感到恶心，很多人闭上了眼睛，还有一个学生晕了过去。他们的镜像系统中的情绪彻底垮掉了。

马特·菲尔德是个虐待狂吗？这个实验是否经过了大学伦理委员会的审批？实际上马特是一个很好的人，他只是在尝试理解现代社会中的一些消极现象，如酒精依赖和毒品上瘾。实验的结果是，被迫看完这部影片的被试被告知他们可以喝一些酒来稳定情绪[38]。在填完一些无效问卷之后，两组人都被允许饮用随意分量的啤酒作为参与实验的奖励。被要求抑制情绪的被试喝的酒是另一组被允许表现情绪的被试的 1.5 倍，实验的效果很明显。其实不需要极端的恐怖情节，即使在看《母女情深》（*Terms of Endearment*）这类催泪电影时，如果我们试图抑制情绪，也会导致我们更容易受到诱惑。

菲尔德和越来越多的成瘾专家认为，自控力或者说意志力是理解一些人在经历压力后就屈服于物质滥用的关键所在。

每当我们运用自控力的时候都是有代价的，即让我们更易受到诱惑。这也许就是人们总是做出有自我挫败感的行为的一个原因。

我们中的很多人会暴饮暴食，或者深陷一种想要避免或克制的活动中[39]。不管我们多想控制自己的行为，大多数人还是失败了。

心理学家罗伊·鲍迈斯特（Roy Baumeister）认同意志力和自我真实性的概念。他不认为自我是一个幻象[40]。而且，他还认为自我有三种不同的成分，自我是客观意识（“我”），通过与他人的关系定义的自我（“自己”）和做出决策及抵制诱惑的心理肌肉力量（执行功能）。当我们向想要避开的诱惑屈服时，鲍迈斯特称之为“自我耗损”（ego-depletion），就像自我拥有某种会疲劳的心理肌肉一样[41]。运用自控力时只有一部分可供分配的能量，当这些能量损耗后，你会变得更易服从于想要掌管你的行为和思想。

自我耗损有数种引发方式，不一定通过看有极端情绪或暴力内容的电影。所有的经历都会损耗我们的自我强度，包括忍受不好的味道，玩很难的智力玩具，在拥挤的场合和人推搡或只是被没预料到的小事惊吓等[42]。对控制力的需求和意志力有限的现实，意味着我们很难在消耗它们之后继续抵抗诱惑。我们会吃更多的垃圾食品，喝更多的酒，花更多的时间与衣着暴露的异性[43]在一起，我们一般都比自己想象的或希望的更缺乏自控力。

即使在我们自认为做的事情将会被群体内其他人接受，比如表现得很有能力，或者对对手表示友好的时候，我们都在消耗自我的意志力[44]。这就是我们总要在工作会面之后来杯烈酒的原因。如果我们只是在展现自我，在这些经历后我们就不会那么有压力。就算是老板也有这样的感受。不是出自个人意愿地训斥别人或排斥别人也是在自我耗损[45]。通过改变自己的行为来迎合他人的期待是一种尝试，我们因此创造的却是对控制力不必要的扭曲，这些会在面对诱惑时显现。适应与自己的性格不同的社会人物角色也是有代价的。某人做出与自己的名声不符的事情，只是因为这是他们想要保住某个很高的社会地位带来的反弹。

这听上去很明显，一定会有人问你是否有必要赞成存在某种形式的特殊心理肌肉。这只是另一种比喻吗？实际上，鲍迈斯特并不这么认为。他给出的解释是大脑必须要工作才能输出意志力，而这项工作需要能量。葡萄糖是大脑的一种重要能量，鲍迈斯特和他的同事们证实，当执行自我耗损性的任务时，血液内葡萄糖的水平更低[46]。在一项实验中，被试必须与一位来自西班牙语国家的采访者讨论有关机会平等的问题并且避免表现任何歧视情绪。那些在种族歧视问卷测试中分数较高的人的血糖要低于没有种族间交流障碍的人。好的结果是你可以降低自我耗损。在喝了一杯含糖的能量饮料后，葡萄糖以每分钟 30 卡路里的速度被吸收到血液中，在 10 分钟后，就可以供给大脑的新陈代谢。与喝了一杯添加人造甜味的饮料的人相比，那些喝了真正的含糖饮料的人更能应对压力。在他们的一项实验中，被试被要求诵读与死亡有关的词。正常情况下，因为这项任务是自我耗损的，从而会对人们之后的猜词测试产生消极影响。然而，这一效应对喝了含糖饮料的人没有作用，念死亡相关的词汇并没有影响他们的测试成绩。这就是为什么我们在去电影院观看恐怖影片时应该点超大杯可乐的原因。

以上这些讨论，意味着我们对自控力做出的努力可能被误导了。很多人想要节食，但我们是怎么做的呢？我们拒绝了巧克力的诱惑，却发现渴望愈加强烈。

减少卡路里的摄入会使我们的血糖降低，让我们之后更易受自我耗损事件的影响。这是一个邪恶的循环。即使你尝试少吃了一顿饭，却可能发现自己用酒或烟或其他什么填满了自己。节制也是需要适度的。

膀胱的控制力

在鲍迈斯特的肌肉比喻的扩展中，他认为我们可以通过锻炼意志力来增强自控力。例如，他发现，通过让学生监督并控制自己的姿势两周，他们在测试自控力的实验中成绩优于没这么做的人。你可能在好奇这个管用的姿势是什么样的，其实只是打开肩膀握紧拳头，就能让你更有意志力[47]，并且无论对男性还是女性而言，这都能增加睾酮素的分泌[48]，像是强迫微笑的效果一样，仅仅模仿肢体动作就能够诱发相应的生理变化，以及激发这些生理状态的心理状态[49]。

另一个成功的关键是改变习惯。许多诱惑源于我们的习惯性行为。相比建立一个新的模式，屈服于旧模式要简单得多。我们都是习惯的奴隶，很容易就陷入似乎难以打破的行为模式里。如果你真的想改变你的行为，那么别试图让你自己停下来，这一策略只会反弹并且让你更加脆弱。相反，去找一个替代性的活动吧，这不仅能够为你的活动提供一个不同的情境，也能避免自控力的诅咒。

除此以外，你还可以使用一个简单的练习方法，即试着控制膀胱，不去厕所。米莉亚姆·图克（Mirjam Tuk）发现，当她为了在一个长讲座中保持清醒而灌下几杯咖啡后，到了结束时她已经憋得不能忍受但又必须要等待。她很好奇是不是这种抑制自己不做出丑事的心理能量也能转移到控制其他的欲望上。

自我实验室

> 在她的一项研究中[50]，被试先喝完 5 杯水，一共大概 750 毫升，40 分钟后给他们一个延迟满足任务，这时他们的膀胱已经充满了尿液。他们可以选择第二天获得 16 美元的奖励，或者 35 天后获得 30 美元的奖励。与没有喝水的被试相比，这一群憋着尿的被试有更多人选择大额度的奖励。

图克还指出，更强的膀胱控制力可能对任何类型的经济决策都有益处。这些发现似乎与自我耗损的理论是相悖的，图克认为它们之间的差异或许可以解释为膀胱控制力很大程度上通过无意识加工，而自我耗损则更多依赖于意识。

这一实验在孩子身上的结果还有待考证，但是我认为让孩子来实验室做这个实验实在不太可能，我的意思是你能想象清理起来有多费劲吗？

糖果店里的孩子

虽然自我耗损的研究非常有价值，但是一个人不需要在做出决策和行为时一直依靠核心自我的掌控。所有实验和发现都不能与压力下的自我相等同，而更像是相互竞争的外界事物间的平衡。显然它也助力了在这些情境下自我幻象的激发，因为它为我们提供了一个没有像期望和理想中那样生活的主角。就像一个置身糖果店的孩子，我们的身边都是诱惑，但是自我却要保持清醒地做出选择。如果情况反过来，孩子喜欢不同种类的糖果，是糖果在竞争他的注意力呢？每种糖果都将孩子引过来然后又被另一种映入眼帘的更好吃的糖果代替。这样决策就不是由孩子自己产生了，而是反映了在现场的事物竞争注意力的能力。很明显，我们用了一个在糖果店中被诱惑包围的孩子的比喻，并错误地认为决策是在孩子内心产生的。同样的错误也发生在关于自由意志的研究中。

自我耗损听起来像是与某种模式的自我相关，不是吗？克制住诱惑不吃棉花糖时的自控力也是。那么，如果不是自我在做决策和抵制诱惑，又是什么在起作用？在哲学家朱利安·巴吉尼（Julian Baggini）的《自我的诡计》（*The Ego Trick*）中，他指出不运用自我就谈心理过程和一个人的行为是不可能的[51]。我们发现，很难想象在没有自我的情况下产生决策和行为。比如我们常听说成瘾者不能控制自己，那又有多正确呢？他们是完全被毒品和毁掉他们一生的行为所摆布吗？没有人否认毒品成瘾是一个很难克服的问题，但是即使是瘾君子也能在某些面对重要又紧急的事件时抵御住诱惑。很少有成瘾者在被枪指着前额时还能喝下一杯酒或注射毒品，很明显，在这些情况下，直逼眼前的死亡恐惧可谓是不可控制的危机。只在某些情境下，当竞争性的影响没有达到成为令人极度兴奋的诱惑的程度时，他们才依旧不受控制。对瘾君子来说，他们行为的负面影响比不过毒瘾所带来的瞬时满足[52]，他们也不愿意上瘾，但是那需要持久的节制，要做到很难。当我们谈到个体做出的选择时，其中包含许多为了最终决策而相互竞争的影响因素和驱动力，它们之中的很多是来源于外界环境的。

即使自我和我们练习自由意志的能力都是幻象，我们也并非失去了所有。实际上，似乎是信念创造了我们行为的结果。我们刚刚讨论到的自我耗损只发生在认为意志力是有限资源的个体身上[53]。

换句话说，如果我们认为自控力是有限的，那么就会表现出自我耗损；如果我们不相信它是受限制的，就不会有此表现。

关于自控力的信念，无论它们源于何处，都是人类行为的有力激发因素。例如，有两组 10 岁的孩子，一组被告知他们在一次任务中的成绩体现的是智力，另一组被告知成绩体现的是用功程度[54]，给两组孩子同样超过他们能力、没人能解答的另一组题目。在第三次测试中，认为智力因素导致自己的第一次任务的成功的孩子却更容易放弃，因为他们将第二次任务的失败归结于自己天生能力有限，这使他们更难在最后的任务中坚持下来。相反，认为成绩体现的是努力的结果的孩子做第三组任务时不会卡住太久，而且更享受这个过程。所以，告诉你的孩子他们的成绩源于努力而非仅凭智力是更好的选择。

这也同样可以用于解释自由意志。当我们认为自己是命运的主人时，我们与那些否认自由一直存在并相信万事已定的人做出的事情是不同的。这一点已经通过启动这一范式被证实。启动是一个通过控制我们注意的信息的种类来改变我们的思维倾向的手段。这又是一个显示我们的自我受所处环境影响的迹象！

自我实验室

> 在一项研究中，一半的被试通过读否定自由意志存在的故事来启动宿命论的思维方式，例如，“归根结底，我们只是生物计算机，被生物进化所设计，由基因组成，并被环境操纵。”另一半被试则阅读支持自由意志的言论，例如，“我可以无视那些偶尔会影响我行为的基因和环境因素。”相较于读肯定自由意志言论的人们，被启动了否定自由意志思维的人们更倾向于在计算考试中作弊，并超额支付给自己更多的奖励[55]。

对我们中的大多数人来说，失去自由意志等同于决定论，这听上去有点儿像宿命论：无论你做什么，你都不能改变任何事。这是一种很让人泄气的对生活的看法，不免会削弱一个人做事的动力。也许这解释了为何相信自由意志的人不仅有更好的工作表现，而且会取得职业上的成功[56]。

相信自由意志存在的员工会比他们的同事做得更好，这一点会得到他们的上司的肯定和鼓励，所以当我们相信自由意志时，我们会更加享受生活。

这个故事的寓意是，即使自由意志不存在，那么或许最好的面对方法是忽视神经科学家或哲学家所说的。有时候无知是福。相信自由意志意味着你可以改变做事方式，使之向更有利于你的方向发展。这一点之所以正确的最主要原因是，它不仅对我们的自我激励很重要，也对别人看我们的眼光很重要。我们喜欢行为果断的人，因为我们相信他们是积极和充满动力的。相比犹豫不决的人，我们觉得这样的人更令人舒服。

最后我想说，仅因为某些事物不存在并不意味着相信它们是无意义的。幻象也是虚无的，但没了故事的世界将会多么无趣和贫瘠。正如为了确认“伟大的魔术师”的存在而做出最多贡献的韦格纳所写：“如果这一幻象可以被更进一步的解释所驱散，那么我现在应该像一个机器人一样了。”人是无法完全逃离自我幻象的。

The Self Illusion

第5章

失控的决策：我是受到无意识影响的我

当我们意识到自己做出某个决策时，一般都发生在这个决策之后，而现在，我们似乎在做出选择之前就已经开始对这一结果负责了。我们做出选择的过程实际上比我们想象中更依赖于周遭环境，所以我们或许也不必对做出的决策全权负责。我们可能觉得我们在做出自己独立的选择，但是很多情况下这些却是由我们可能根本没有意识到的外界因素所控制。

对于这一点，广告业早就已经清楚了。自从古巴比伦王国出现了最早的广告后，小贩们意识到花点儿钱让人们知道自己卖的东西的名称是很值得的[1]。我们的选择很大程度上取决于我们被告知的内容，即使我们没有太注意到这点。在20世纪，人们认为微妙的营销是一种操控人们选择的方法。例如，20世纪50年代的电影院老板们认为，通过在电影中插入一帧产品的图片，即使这段时间短到难以察觉，也可以让人们买更多的饮料和爆米花。这一想法来自阈下图片会记录在潜意识中，引导观众思考他们是不是想去买一杯饮料。广告可以激活我们潜伏在意识之下的想法，使它们发挥更多作用。然而，阈下营销的科学证据充其量是模棱两可的[2]。细微的信息确实能够塑造我们的想法和行为，但是当售卖苏打饮料时，大版面且富有刺激性的广告的效果是最好的。这就是广告的赞助商能够赚钱的原因。公司为了让他们的品牌为人所知而准备好了花一大笔钱，他们知道相比于没听说过的品牌，人们更倾向于买听说过名字的产品。当面临不同品牌的选择时，人们大多会选择他们认识的或者比较熟悉的那个品牌[3]。

当然，并不是每个选择都是由消费者个人做出的，尤其是当我们被问到自己不知道的事情的时候。当选择非常重要的时候，我们会从别人那里寻找更多的证据和支持，特别是那些我们认为他们是专家的人，比如医生。我们可能会得到多个就诊的选项，但是大多数人更期望医生告诉我们应该做什么，因为我们认为他们懂得的东西更多。在我们每天经历的许多情境下，我们一般会假定，当面对一个简单而且情况确定的选择时，我们可以运用一些内在的评价过程，然后就如审判一样地做出自己的判决。

其实这种想法是错的，我们是通过无意识来比较选项的。感觉上似乎是你在一个内在的公开法庭做出了选择，而实际上大部分重要的选择都产生于紧闭的门后。你或许能够有意识地将选项作为潜在方案思考，然后试图想象决策会意味着什么，但是这些提供给你的信息在你思考自己将如何做之前，就已经经过了很好的加工、评价和权衡。这就像是当你说："我刚想到了一个很棒的点子！"这看似是瞬间迸发的，但是你的头脑中没有瞬间点亮的灯泡。虽然它像是一瞬间的启蒙，但是背后工作的小矮人们却已经为这个点子花了很长时间，而仅仅将结果呈献给了你。正如利贝特的实验所体现的，当你将要实施某项行动时，在任何时间点上都没有了解与不了解的差异。即使你对某个想法十分慎重，在心中翻来覆去地琢磨它，你也只不过是在推迟那个事实上已经得出结果的最终决定。

这都没什么新奇的。在心理学先驱赫尔姆霍兹（Helmholtz）和更有名的弗洛伊德所处的时代我们就知道，无意识过程控制着人们的思维与行为[4]。

> **而新的发现是无意识加工过程在某种程度上保护了自我幻象，即我们自己创造的认为自己是决策者的故事。**

它源于维护我们能够控制自我的假象的需求，即使当我们不能决定什么的时候。我们极力渴望维持拥有自我主权的幻象，甚至做好了将黑辩成白的准备来证明自己的正确。

这就是我们无须费神，甚至有时不知不觉地就重新解释自己的行为，让它看起来是我们自己独立地做出的选择的根源。我们一直在编造故事，以便让自我变得有实际意义。

自我实验室

在一个实验中，实验者让成年被试观看一对女性面孔，然后让他们选择更具有吸引力的那一个[5]。在几组实验中，在做出选择之后，被选出的女性的卡片会被立刻摆在被试面前让他们解释为何从两人中选出了这一个。是因为她的发型还是眼睛的颜色？这个实验的精妙之处在于，在某几次任务中，实验者会用一些手段故意互换两张卡片，这样被试就需要对没有选过的选项进行解释，即支持实际上已经被他们筛掉的女性。大多数的互换没有被发现，而且被试还能够给出完美而清晰的解释来阐述自己为什么做出这个选择。同样的手段在品尝味道的实验中也是奏效的。在一家瑞典超市中，购物者们被布置了对不同的果酱和茶进行取样的任务，当他们选好了喜爱的口味后，研究者们调换了他们选中的口味，并且要求他们解释为什么选了这一个口味而非另一个口味。即使是将辣肉桂苹果酱换成了酸葡萄果酱，或者是将甜芒果茶换成了味道刺鼻的茴香茶，还是只有不到 1/3 的购物者能够发现其中的变化[6]。似乎当我们选择了一个偏爱的东西后，就会尽全力地来佐证自己的决定。

这一实验揭示给我们的是，欺骗自我让它觉得我们是由我们自己来控制的是多么容易的一件事。史蒂芬·平克[7]这样说："有意识的内心，即自我或灵魂是一个政治公关，而非总司令。"

面对一个决策时，我们会立刻让它变得具有说服力，从而使它显得更像我们自己的选择。然而，这也意味着我们不知道自己在做什么，这一点大多数人都没有做好准备去接受。

吃不到葡萄说葡萄酸

人们总是为维护自己做出的选择做好了准备，这一点是一个世界著名的关于人们扭曲事实的古老寓言的中心思想。故事是这样的：一天，饥饿的狐狸来到了一棵结满葡萄的葡萄树下，葡萄挂得很高，虽然狐狸反复地跳起来试图够到葡萄，却还是失败了。狐狸屈服于现实，边走开边说着自己并不想吃葡萄，因为它们太酸了。狐狸就这样改变了心意。每当我们以贬低的语气说到某件我们本想得到却失手的东西时，就会被说"吃不到葡萄说葡萄酸"。这并不罕见。当面临期待落空时，人们会多经常这么做呢？想想那些失败的面试经历、一团糟的约会或输掉的比赛吧。我们会用各种理由为自己辩解，比如我们本来也不想要那份工作，约会对象是个笨蛋或者是自己本来也没太想赢得比赛。我们甚至还会想到如果自己得到了那份工作，和那个约会对象接了吻或是赢了比赛会带来哪些坏处。尽管我们的这些做法只是在骗自己而已，但我们为什么会这么做呢？

有谁会想到，一个 2 500 年前的希腊奴隶虚构的故事会被人们一次次地加以人性的注解，甚至超前于现如今的认知科学理论？很明显，伊索寓言之所以经久流传，不仅是因为这些故事是对人类行为的奇妙而易于理解的隐喻，而且也因为它们揭示了最基本的真理。在狐狸与葡萄的故事中，伊索描述了认知失调这个观点，这是在过去50年中，研究者通过大约3 000例实验才发现的重要心理机制之一。

认知失调这一理论是由利昂·费斯廷格（Leon Festinger）在1957年提出的，它是在我们的行为或想法出了错时对我们加以保护的自我辩解。就像狐狸和葡萄的例子一样，这种自我辩解对事实是没有帮助的[8]。通过重新设想自己其实没那么想达成一个目标，我们将没有达成目的解释为好的事情。否则，我们将会面临浪费了巨大精力却徒劳无功的情况。在这种矛盾下，认知失调便产生了。一方面，人们相信自己总是能够成功地达成目标；另一方面，我们却又在达成某些目标的过程中失败了，因而它是一种冲突。这是我们理性中失调的一面，不愉快的心情会让经历也变得不那么愉悦。为了避免这种失调制造的矛盾，我们便重新对失败经历加以解释，使之变为成就。我们告诉自己，我原本对目标也没那么有兴趣。要做的都完成了，不必有任何遗憾。

弗洛伊德也提到过类似的用于保护自我幻象的防御机制。然而，自我幻象有时不得不与不一致的思想和行为相调和。例如，可能我认为自己是一个好人，却对别人有了坏的思想。这是与善良的我不相符的，所以我会启动防御机制。我可能会为了使自己的想法合理化而说那个人就是一个坏人，这时我证明了自己对他人的负面态度是合理的。我还可能会做出相反的行为，通过对某个人表现出与以往不同的积极态度来补偿自己无意识间的负性态度，也就是弗洛伊德所说的“反向作用”。我还可能将对一个人的负性情绪投射到属于他的宠物身上，当我斥责那只被我讨厌的可怜的杂种狗时，我其实是在贬低它的主人。所有这些都是我们努力重建对他人厌恶情绪的例子，这样我们才能维护我们自我的价值感，维护一种不会对别人产生不恰当或不公正评价的形象。

辩护行为不仅存在于个体层面，它也存在于群体层面。伊拉克战争就是这样一个例子，它是在受到大规模杀伤性武器威胁的基础上发生的。英国大众被告知萨达姆·侯赛因的导弹可以在 45 分钟的警戒时间之内到达英国本土。虽然联合国检查小组反复强调伊拉克没有持有大规模杀伤性武器的迹象，但人们被告知它们是存在的，这引发了对伊拉克的进攻。因为在入侵后没有发现大规模杀伤性武器，战争的发起者就必须要想办法为自己的行为进行辩护。主战方认为侵略是必要的，是出于萨达姆·侯赛因是一个邪恶的独裁者，所以务必将他的权力移除这一点，即使如此，这样的政权变革还是违反了国际法。人们被告知，即使萨达姆当时并未持有大规模杀伤性武器，他也已经计划制造了。侵略被合理化后，侵略者便大行其道了。这显示出，现代政治家有了对大众认知失调的精心设计能力就不需要厚脸皮了。

认知失调能够在冲突情节中保护自我，这是自我幻象之所以很重要的核心。但是它也揭示了一个强大的自我意识可能产生的危险，因为我们会使用它为错误的推论辩护。虽然我们不希望看到这样，但我们的决策实际上就是一系列在持续冲突之中竞争注意的过程。我们不知道自己的决策实际上有多少是不受掌控的。

蒙提·霍尔问题：如何砸中金蛋

关于决策有两个基础的问题：我们是忽略外界信息关注自我的观点，还是在没有意识到的情况下自己的观点已经被外界影响了。在两种情况中，我们都天真地以为真的是自我在独立于外界的情境下做出决定。这可能导致对人为原因的某些奇怪的扭曲。

在做决定时，自我中心的偏好可能会让我们无视世界上某些重要的变化。如果你还没听说过这点，那么请让我来给你介绍一下蒙提·霍尔问题。这个问题是以美国的电视游戏节目《让我们做个交易》（*Let's Make a Deal*）的主持人的名字命名的，节目的高潮在于从三扇门后挑选一个奖品。试想如果你已经过关斩将来到了游戏的最后一部分，并有赢得最高奖的机会。在两扇门后是安慰奖，还有一扇门后是终极大奖。出于讨论的目的，姑且让我们说它是一辆价值250万人民币的法拉利。你犹豫再三，最后选择了A门。节目主持人蒙提说："你选择了A门，但是让我给你看看C门后是什么。"然后他打开C门，门后是一个安慰奖。蒙提说："你一开始选了A，但是你现在要不要考虑选择B门呢？"这时你该怎么做？大多数人第一次面对这个问题时认为两种选择没有差异，因为他们认为在两扇门中选择，赢得法拉利的概率是对半的。的确，人们在做了决定后很不情愿更改。或许有人会说我们就是坚持自己的决定，因为我们对自己的决定有信心。无论如何，果断是很重要的。

你认为你会怎么做，改变选择还是坚持原来的选择？如果你不知道怎么办，我会告诉你正确答案是改变选择，但如果你不了解原因，可能会很难理解。蒙提·霍尔问题已经成了一个认知幻象中的经典问题，它出现在了畅销书中，甚至出现在了2008年上映的好莱坞电影《决胜21点》里面，这部影片讲述了几位麻省理工的数学天才在拉斯维加斯赌场里通过记牌来赢得黑杰克游戏的故事。对于蒙提·霍尔问题的正确解决方法是改变，因为相比于守住第一个选择，这样你更容易赢。一开始这是很难理解的，当这一结论最初出现在很畅销的《展示》（*Parade*）杂志上时，在大众和学者间都引起了强烈的反对和异议。一万多人，包括1 000名博士写信抱怨改变选择是个错误的决定。

你应该换选择的原因是，当你第一次选门的时候，你有1/3的正确机会。现在，在蒙提给出一个安慰奖之后，留下了两扇门，你没有选择的门获胜的可能性就增加到了 2/3，它比你第一次选择的门胜算更大，因为你第一次选择的门只有 1/3 的可能性。记住，蒙提永远会告诉你一扇空着的门。这看似简单，对大多数人来说却并不如此。

一个解决蒙提·霍尔问题的更简单的方法是想象有 100 扇不同的门，而非 3 扇门[9]。你再次选择，现在蒙提开了未被选中的 99 扇门中的 98 扇，告诉你它们都是空的。现在只剩下两扇没被打开的门了。你现在会换吗？现在我们会发现自己选的门不太可能是正确的那一扇。你第一次就选择了对的门的概率是多少？实际上，这只有 1/100 的正确率。这样我们立刻就理解了蒙提的不怀好意。蒙提·霍尔问题中的某些内涵是与直觉相违背的，这体现了我们客观思考问题的能力的局限，或者更准确地说，我们是以一种无私的方式思考问题。

人们在蒙提·霍尔问题中没有变换选择的另一个原因，是大众倾向于不铤而走险。在做决定时，人们天性中对失败的惧怕多过对胜利的重视。抛开现代人所谓的理性，人们仍然认为如果自己改变了决定，则更有可能因为这样做而后悔。这并非因为固执或迷信，而是我们在潜在的利益面前更惧怕损失。

自我实验室

在一项研究中，社会心理学家艾伦·兰格（Ellen Langer）把 1 美元的乐透彩票卖给了 53 名办公室职员。所有存根都放在了一个盒子中，有一个幸运的人会赢得 53 美元。就在几天后，艾伦问每个人他们想以多高的价格售卖自己的彩票。如果他们所持的是被实验者分配的彩票，则均价为 2 美元，但是如果彩票是他们自己选的，均价则到了 8 美元！甚至有 10 名自己选彩票的人和 5 名被分配彩票的人拒绝售卖自己的彩票[10]。这表明，我们心中对后悔的恐惧是非常明显的。

有多少次你在犹豫是否买一件昂贵的东西时，只因为听售货员说了句“买吧，你不会后悔的”就掏钱了呢？

为什么我们难以预估真实概率

蒙提·霍尔问题清晰展现了人们在归因中的局限，特别是在面对概率问题时。对概率结果的推理是很有难度的，因为大多数人都是以自我为中心的方式来思考的。我们从自己的角度出发做出决定，并且经常难以将非常相关的外部信息引入考虑。

事实上，大多数复杂的科学是建立在概率和关于宇宙的未知真相之上的。在牛顿时代和17世纪的科学革命之后，人们假设宇宙是一个巨大的钟表装置，可以通过测量和预测去理解它。人们认为只要改进测量的精度，就可以更进一步理解宇宙的运行。而事实却相反，宇宙变得越来越复杂。随着研究的深入，我们发现宇宙比我们之前所想象的要复杂得多。在系统之中，噪声远多于确定性。这些噪声催生了统计建模的时代的到来，数学家们试图通过统计方法，尽可能地运用所有发现的变量，以便发现宇宙的运行规律。这就是为何科学语言是数学，而且其真理都是基于概率的[11]。

不幸的是，统计分析并非每一个常人的天生技能。我们的身体和大脑或许可以用统计预测的方式来运行，但是很少有人能够清晰地理解统计学的原理。这就是当观众们听到媒体上的科学家们没有直接对那些与人们相关的问题以“是”或“否”的答案来回答时会感到很泄气的原因。他们想知道面对全球变暖、儿童接种牛痘疫苗的危险、阻止流行性病毒的蔓延时应该怎么做。当被人们这样问时，科学家会用概率而非绝对确定的术语回答，因为他们是从大局观察，也知道一定会有异常值。但这却不是公众想要听到的答案。他们只想知道牛痘到底会不会伤害他们的孩子，对于整体情况并不关心，因为那不是个体思考问题的方式。

另一个关于概率的问题是人类没有发展出根据大量数据考虑可能性的能力。相反，我们使用的是启发式，这种方式的特点是快而不准确。就如德国心理学家格尔德·吉仁泽（Gerd Gigerenzer）所说，人类没有进化出处理概率的能力，我们还不能解决蒙提·霍尔问题[12]。我们都关注与自己相关的任务，我们倾向于只评估自己的选择而不去想什么是对集体最好的。当面对两扇门时，我们的机会似乎是相等的，但是当我们面对同样的这两扇门 100 次，或是 100 个不同的人进行蒙提·霍尔挑战时，这一规律才变得明显。

我们常常在不知道某一事件的真实概率时就通过自己能搜集到的信息来预测这一数字。这是所有推理开始发生扭曲的地方。

在衡量证据时，我们很容易因外界因素而过高或过低地判断风险。举个例子，人们对死于飞行事故的预计是夸大了的，因为我们倾向于把这类事件的发生概率想得比实际高。这些被称为“恐惧风险”，因为它们太过不同寻常而更受关注，此类事故被夸张报道也就不足为奇了。我们关注它们并会想象如果自己在那样的情况中死去会是多么无助。我们之所以对这类想法倾注很多关注，是因为它们很新奇而且吸引到了我们。

错误的危机评估可能具有潜在的危险，因为我们会因错误归因而试图改变行为方式。比如在“9・11”事件之后的 3 个月，前往纽约的道路交通事故死亡率的增长一直持续到圣诞节，超出了往年同一时期[13]。实际上，这段时期的死亡人数就已经超过了“9・11”事件当天的死亡人数。“9・11”事件后，很多人不敢乘坐前往纽约的航班，改为开车进入，这就使得交通压力较往日增大并引发了更多的道路交通事故。最可能导致人们认为开车更安全的原因是人们的另一个自我幻象，即关于掌控的幻象。我们以为自己在能够掌控命运的时候是更安全的，比如自己开车；而坐在别人驾驶的车上，或是坐在可能从天上掉下来的飞机里这样更糟的情况下，我们什么也做不了。

分析停滞：选择太多的烦恼

我们的分析很多时候是基于对选项的觉察，即我们可以逃离尴尬的处境吗？人们一般会认为有选择是好的，因为能让人体会到某种自我掌控感的决策会让人更快乐。大多数人在自己当司机的时候会感觉更加安全。当面对可能无法自救的情况时，人们会变得消沉、沮丧，感到无助。有关因控制感缺乏引发的这一反应的信息，来源于 20 世纪 60 年代的动物实验[14]。实验中，动物被置于压力情境下，两组狗均被施以电击，其中一组的狗可以通过学习控制杠杆来结束疼痛；另一组狗受到的电击与第一组同步，但是不能通过控制杠杆来结束疼痛。对于第二组的狗来说，它们不能停止电击的疼痛，因为它们没有选择。

在初步实验之后，两组狗被放到一个箱子中，在箱子的两侧有很矮的围栏。电击再次从箱子的底部传来，但是这次两组狗都可以通过跳过围栏来进入安全地带。研究者们的发现非常令人困惑：在第一次实验中学会用杠杆控制电击的狗很容易地就学会了逃避疼痛的方法，但在第一次实验中不能逃避电击的狗不会通过跨越围栏来逃避电击，它们只是躺在箱子里呜咽，被动地承受着折磨。进行这项研究的心理学家马丁·塞利格曼（Martin Seligman），将此现象称为动物的“习得性无助”。

孤立地理解这个动物实验是很难的。虽然我不是一个特别爱动物的人，但还是会觉得很难实行这样的研究。无论如何，这些引发习得性无助的研究对于了解影响人类痛苦和抑郁的因素没有多少价值[15]。抑郁可能是最普遍的令人虚弱的心理失调。我们都有过情绪低落的时候，但是医学上的抑郁症是一种将人们从正常生活中分离出来的弥漫的病症。抑郁症有不同的强度，根据与无价值感和失望感相关的心理和行为症状来划分。抑郁症普遍与其他问题相关，比如承受了丧亲之痛、失业等明显的压力事件，但这也存在很大的个体差异。我们中的一些人对抑郁症天生易感，因为这是一种受复杂的基因、生理、心理和社会成分影响的病症。

并非所有抑郁症都有相同的病源，但是从统计数据上看，抑郁症在贫穷和低教育水平的人群中更普遍[16]。一种理论认为贫穷不一定是抑郁症的根源问题，而是贫穷反映了缺乏价值的处境，即个体缺乏为生活做出努力的能力。就像施加在狗身上的不能逃避的电击，人类的习得性无助导向了认为处境不会变得更好的消极宿命论。一个解决方法是通过选择来给人们赋能。某些人会认为财富让人们拥有了做选择的机会，而不是被禁锢在无法逃避的生活中。如果无论自己做什么都不能对生活造成任何变化，人便有了绝望的基础。对于控制感的需求对生理健康和心理健康来说都是同等重要的。

仅仅相信自己有能力改变生活，便能够让它变得更容易忍受[17]。正是这个原因，莉兹·默里“风雨哈佛路”的故事给了很多人巨大的希望。在人们展示出的仪式性活动中，我们也能看到自由意志的存在，这些行为让人们误以为自己具有控制力，而实际却不是这样。给予人们选择或仅仅是操控感，都能使他们在逆境中有更强的承受力。例如，当人们认为自己能随时将电流刺激关掉时，他们能够忍受更高强度的电流刺激，虽然他们实际上并不能进行控制。人们感受到的控制感会降低大脑的痛感[18]。我们甚至在可以选菜单的时候更加享受某餐饭[19]。这些发现证实了一个已经被普遍接受的观点：有选择是有益的，选择越多越好。这是在现代社会的消费行为中被普遍运用的一点，不过它只在最高临界点之下是正确的。有时，过多的选择会令自我不堪重负。

伊索又一次在他的狐狸和猫的寓言中暗示了这一点。猫和狐狸都面临着残暴的猎狗的袭击，它们必须逃走。猫很容易地做出了选择，它爬上了树，而狐狸因为心计颇多而想到了许多种逃跑方法，它因此而犹豫不决，结果被猎狗抓住了。由于面对过多的选择，狐狸出现了分析停滞。

其实，同样的问题每天都在困扰着我们。心理学家巴里·施瓦茨（Barry Schwartz）称之为“选择的悖论”，它是指当我们面对越多选择时，选择自由度就越小，因为我们会一直拖着试图找到最好的选择[20]。整个现代社会都变成了选择狂，比如施瓦茨在商场里找到了 285 种不同的饼干、75 种冰茶、230 种汤、175 种沙拉酱和 40 种牙膏。所有现代电子应用市场都充满了具备不同属性和功能的样式，这让人们淹没在了决策之中。

你有多少次去一家供货齐全的大商场想买件东西，却因不能决定买哪件而空手而归？我们因为害怕做错选择，会试图从不同的维度比较产品，而其中很多其实是我们走进商店前根本没有想到的。我需要蓝牙功能吗？那存储器和 Wi-Fi 呢？大多数人都不是技术宅，他们会觉得这些选择太多了。我们很多人会在面临这样多的选择时失去效率，这使得我们进入拖延状态，进而耽误了真正该做的事情。

每年春天，都会有学生来找我讨论毕业课题的内容，他们常常说自己会尽早开始着手并且在暑期完成大部分工作。所有人都相信他们会在早于次年 3 月截止日期前的圣诞节完成，但至今没有一个学生做到。总是有一箩筐的理由让他们即使有着强烈意图，还是将工作拖到了最后一刻。正如英国诗人爱德华·杨格（Edward Young）所说："拖延是时间的盗贼。"因为面对着多种可行的选项和其他近在眼前的诱惑，我们总是将现在该做的事情推迟到不做就晚了的时候才去做。

这些关于决策的研究很清晰地告诉我们，人对自己面临的选择总是充满侥幸。我们对于决策的处理能力是依赖于周遭环境的。如果有太多的选择，选项之间就会相互抵消，只留下犹豫不决的我们。

即使做出了选择，我们也不会有多大释然，因为我们会怀疑自己是不是做出了正确的选择。要是没有选择，那么就不会有问题，世界也就没有抱怨了。但是人们会变得消沉。然而，如果我们曾经的选择之后被证实并不明智，那又是自己的选择失误。我们总是面临必输的局面。

大脑中的相对论

丹·艾瑞里（Dan Ariely）是杜克大学的一名行为经济学家，他提出了人类不仅风险分析能力很弱，而且无法进行理性预测的论点[21]。这一想法是当他上网看到《经济学人》杂志的订阅广告时产生的，这本杂志有三种年度订阅方式：

1. 电子版 59 美元；
2. 印刷版 125 美元；
3. 电子版和印刷版一共 125 美元。

很显然，最好的选项是第三种，你可以同时获取电子和印刷两个版本，价格还跟只购买印刷版时相同。当他用这一选择测试他的学生时，他发现有 84% 的学生会选择第三种，另外 16% 的学生会选择第一种。没有人会选第二种。能够多获得一个电子版本还不用多花钱的情况下，只选印刷版的人一定是脑子不清醒。但是这只是《经济学人》杂志的一种营销策略，它让选项 3 在选项 2 的衬托下更加诱人。当艾瑞里将第二个选项删除，重新让学生做出选择时，这次有 68% 的人选了选项 1，只有 32% 的人选了选项 3。对比项影响了学生们的价值感。你注意到了吧，想要通过环境来影响决策是一件多么容易的事情。

艾瑞里指出，问题在于相对论：

人类不会用绝对价值进行判断，而是使用比较的方法。

我们总是权衡不同选项间的付出和回报，然后凭此来衡量价值。这也解释了为何人们都不喜欢选最便宜和最贵的选项，而是倾向于选中间项。最高价确实是个诱惑因素。这一策略有时也被称为“金发女孩效应”。人们对于中档价格的偏好让零售商们总是提供一个昂贵的选择，来增加顾客选择稍微便宜些但又不是最便宜的产品的可能性。决策中的相对论说明，我们没有一个内部的价值衡量标准来提醒自己物品的价值，相反，我们的决定总是由外部环境塑造。

相对论不仅在我们进行经济决策时起作用，实际上它是大脑运作的一项基本准则。

我们经历的每件事都是一个相对的过程。当某样东西变热了，声音变大了，变明亮了，变得更有味道或更甜时，这样的体验就是一种相对评价。在环境中的每一个变化都以神经活动的变化被大脑登记。在神经连接的最基础层次上，它被记录为神经脉冲激活频率的变化。在早期的研究中，科学家们将单个神经元的电活动记录下来，他们通过嵌入电极来测量细胞的电脉冲，并通过放大器播放出来。在静息态下可以听到背景活动不时传来的“咔嗒”声，这是神经元的脉冲激活声音。然而，一旦激活神经元的刺激出现，“咔嗒”声就会像快速开火的机关枪一样。

这就是我们的大脑诠释世界的方式。当环境中出现变化时，神经元激活的频率会相对加快或减慢，其强度就是通过这样的方式来编码的。不仅如此，我们测量感知觉也是通过相对论来进行的。例如，如果你将一只手放入热水中，另一只手放入冰水中，待一会儿后将它们同时放入温水中，你会体会到温度的冲突感，这是源于感受器对冷和热的记录的相对变化。虽然两只手此时处于相同温度的水中，但是一只会觉得凉一点儿而另一只会觉得热一点儿，这来自之前感受的相对变化。这一过程被称为“适应”，是中枢神经系统运行中的一种组织原则。它解释了人们在白天进入一个黑暗的房间时一下子看不清的现象，因为你的眼睛必须要逐渐适应新的亮度环境。适应还能解释为什么在吃了巧克力之后吃苹果会觉得更酸，为什么一个生活在乡下的人会觉得城市格外吵闹。简言之，我们所有的感受都来源于对比。

实际上，快乐感和成就感也源于你自己与他人的比较。艾瑞里引用了美国讽刺作家 H. L. 门肯（H. L. Mencken）的评论：当一个男人挣得比他的小舅子多时，他就满意了。我认为这一说法引申到小姨子身上也同样属实，因为亲戚是我们可以与之比较财富的最近的个体。相对论解释了为何当人们知道同事挣得比自己多时会不满。劳资纠纷往往与绝对工资高低的关系较小，更多的是源于与公司内其他人工资的比较。当我们发现银行家们在经济危机中的收入时，普通大众都愤怒了。而银行家们往往感受不到高工资高收益带来的快乐，因为他们总是在与其他成功的银行家比较。

经验自我与记忆自我

如果相对论是我们的全部可知，那么这意味着我们的自我是通过与之相对的价值来定义的。即使我们的记忆自我（remembered self），也就是曾经的自我也是一个相对的概念。

诺贝尔奖获得者丹尼尔·卡尼曼（Daniel Kahneman）**也有类似的对于两个不同版本的自我的区分，即经验自我**（experiencing self）**和记忆自我**[22]。

经验自我是我们对于生活在当下的意识的客观体验。卡尼曼认为我们都有体验自我的时刻，平均3秒左右一次。他估计我们会在1个月中经历这样的时刻60万次，一生中经历6亿次，但是一旦这些时刻过去了，就是永远失去了。

相反，记忆自我是我们对于过去的经验自我的记忆，这些时刻都被我们整合进了存储在记忆中的故事里。然而，正如我们讨论过的，一个人的记忆并非是刻在石头上的，而是每当故事被回顾时都会发生重构。这是一个相对的故事。例如，在一系列与结肠镜检查相关的疼痛研究中，卡尼曼与同事要求患者每60秒进行一次报告。这是在报告经验自我，即组成我们每天经历中各个时刻的自我意识。卡尼曼对于患者在经历突然的痛苦和轻微的不舒服之后会如何回忆这段经历非常感兴趣。一半被试的结肠镜末端会在他们的直肠内停留3分钟，这延长了操作时间但是可以减轻最后的疼痛。在检查之后，患者们被要求评价他们的体验，结果是操作时间长但疼痛较轻的一组对他们的体验的评价比操作时间短但更痛的一组更积极。相对不那么疼的结束，在患者的整个检查中留下了深刻的印象[23]。

比起中间过程，我们对于经历的开始和结束更加敏感，因而更容易记住它们。在数百个让被试记忆长串事物的记忆实验中，都发现了这一现象。我们更容易记住列表开始的内容，这被称为首因效应；我们还容易记住列表末端的内容，这被称为近因效应。这不是因为我们对中间的内容感到无聊，而是开头的内容更具新奇感这一相对优势。末尾的内容不易忘记是因为没有随后的内容在记忆中覆盖它们。简单地说，开始和结尾为经验的持续划分了界线。因此，在面试时作为第一个或最后一个应聘者入场都很好，因为第一个和最后一个应聘者能从首因效应和近因效应中获益。这些有关经历的开始和结束的效应显示，我们对于生活中的相对变化更加敏感。卡尼曼认为，这些效应解释了人们为何在稳定状态下更不善于对自我进行评价。例如，我们觉得自己在假期中更快乐，但实际上，大多数人在工作时更开心。因为所有事情都是相对的，所以我们关注生活中的转折多于鲜有变化的平稳片段。

物品是如何影响我们的

我们人类的冲动特质，在现代社会多了一种表现形式，即购物。购物不具有明显的进化必要性，在现代西方社会，它常被认为是一种成瘾行为。甚至还有购物狂互助组织，它们与发展完善的匿名戒酒会相似，可以帮助人们克服买东西的心理渴望。我个人不是一个购物狂，但是我有时会有不正常的冲动消费，而这常常是被人煽动的。在我的经验中，这些让我冲动消费的东西往往是我认为自己应该拥有的稀有物件或艺术作品。但这是为什么呢？到底是什么让我们内心产生必须拥有某件物品的声音的？

我觉得物品是我们的自我的一种反映，或至少是一个我们希望自己在别人眼中呈现出什么样子的概念。威廉·詹姆斯是最初把所有物作为一种映射物，来研究它对人类自我概念的重要性的心理学家之一，他写道："一个人的自我是所有属于他的东西的综合，不仅包括他的身体和精神力量，还有他的服装、居所，他的妻子和孩子，他的祖先和朋友，他的名誉和工作，他的土地和马，他的快艇和银行存款[24]。"

物品的一个重要功能就是作为自我身份的表面标志物。

我们拥有某件物品的所属权时，它们就变成了"我的"，比如我的咖啡杯、我的耐克鞋、我的电话。这种对所有权的痴迷可以追溯到童年早期[25]。在我们的实验室中，我们发现很多学前的孩子已经形成了一种对于特殊物品的情感依恋，比如毯子和泰迪熊，而且他们不能立刻接受一个同等的替代品[26]。其中的很多孩子在长大后，会仅仅因为他们的布包被毁坏的想法而变得情绪低落。通过将成人与一个测量情绪唤起程度的机器进行连接，我们发现当他们必须要剪掉一张他们童年时依恋品的照片时，他们变得很焦虑。我和同事们最近做了一系列脑成像方面的研究，其中我们会给成年人放映他们的所属物被充气、开车碾过、用斧子砍、用电锯锯和被人站在上面跳的录像。大脑扫描的结果显示，在观看这些让人痛苦的视频过程中，不同的脑区被激活了。迄今为止，结果看上去都很令人振奋。有时候，我真的超爱我的研究[27]！

神经科学家尼尔·麦克雷（Neil Macrae）和戴夫·特克（Dave Turk）一直在探索当某件东西属于我们的那一刻，大脑里发生的活动[28]。任何物品的所有权转变为"我的"东西的那一刻，会通过更强的活动在大脑中进行记录。一个被称为"P300"的脑活动尖峰会在我们记录过某些重要事件后的 300 毫秒产生，这是一种大脑中的唤醒信号。当某件东西成为我的，我会对它投以比其他不是我的东西更多的关注。这样的加工基本上是自动的。

自我实验室

> 在一项研究中，实验者要求被试观察被分装到两个购物篮中的特定物品，其中一袋是他们的，另一袋是实验者的。他们的 P300 信号显示他们对自己的东西更加关注。在分类整理之后，被试记住的自己购物篮里的物品比研究者篮中的要多，即使这是在没有事先通知他们要进行记忆测试的情况下[29]。

如詹姆斯所言，这是因为我们的一部分是由我们拥有的物质财产所定义的，因此过去的习惯就是通过剥夺这些物质财产来摧毁一个人的自我观念。人们常通过统一的服装和个人物品来防止个体对自我的认同。从纳粹集中营中最让人难过的图片中，我们能看到受害者的一堆堆被没收的私人物品和行李，纳粹们想借此来抹去受害者的身份。现在，这些东西被认为是值得尊重的。在 2005 年，一个 66 岁的退休工程师米歇尔·利瓦伊－勒鲁（Michel Levi-Leleu）带着他女儿去观看了巴黎的大屠杀展览，其中就有从奥斯威辛集中营纪念馆和博物馆暂借的物品。在那里，他发现了父亲失踪很久的纸板行李箱，上面还有父亲的姓名缩写和地址。米歇尔要求拿回这件行李箱，因此引发了一场诉讼战，博物馆方面声称所有死亡集中营的物品都应由他们保存，以作为留给子孙的神圣遗产。4 年后，在行李箱被借给巴黎展览很长时间的情况下，双方才最终达成了协议[30]。当服刑人员和被收容人员的所有物被拿走时，出于强烈的身份认同的需求，他们会赋予一些在别人看来毫无价值的东西以特殊价值[31]。

对一些患有强迫症的个体来说，对物品的占有发展成了病态的囤积，他们会将房间里塞满没有用处的物品，并且从不扔掉。在一个案例中，这个不幸的囤积者死于她多年收集的垃圾堆的倒塌[32]。大多数人能够控制自己，他们只拥有少量珍贵的用以表明身份的个人或家庭所属物。一个人搬到新的住所后做的第一件事往往就是将标志自己身份的东西带到新家。相反，有时人们会通过损坏个人物品来表明与过去一刀两断，尤其当他们是情侣或家庭中被抛弃或欺骗的那一个时。

很明显，对一些人来说，他们的所有物是个人喜好的一种表达。当人们认为某种产品体现了自己想要与之联系的特质时，就会选择购买它们。我们购买的往往是与我们所欣赏的个性相一致的物品。在自我与所属物之间的这种联系是现代广告人多年来一直利用的一点。他们了解人们对品牌的认同，一个品牌越成功就有越多人想得到它的产品。劳力士手表、iPod 和耐克训练鞋就是人们在面对盗贼时愿意为之牺牲性命的品牌产品中的几个。

拉塞尔·贝尔克（Russell Belk）是加拿大约克大学的市场学教授，他将这种物质至上的观点称为"延伸自我"（extended self）[33]。我们是由我们拥有的物品定义的，当这些所属物被偷、遗失或损伤时，我们会觉得这是一场人生悲剧。就在最近，它也发生在了我的身上。我不是个典型的车奴，但是当几个月前有人故意在我的车身上划出痕迹时，我觉得非常地难过，就像这件罪行是故意针对我一样。它不过是个随机事件，但是我觉得自己被激怒了。我想如果让我碰到做坏事的那个人，我肯定会表现得极为粗暴。

即便是无情的杀手和贩毒者也很在乎他们的所属物。文森特（Vincent）是1994 年上映的经典电影《低俗小说》（*Pulp Fiction*）中的职业杀手，他向他的交易者兰斯（Lance）抱怨他的雪佛兰迈锐宝被划伤时这样说：

文森特：我整整把它存放了 3 年，刚拿出来 5 天，5 天，就被那些混蛋弄花了！

兰斯：真该杀。不用审判，直接处决。

当然了，我不会这么偏激，但是当有人侵犯你的财产时，情感深处的某些东西的确会被激发出来。

禀赋效应：自己的东西更值钱

我们与物品的关联与个人选择的关系，可能比我们想象中的要小。

自我实验室

> 在现在公认的经典行为经济学实验中，理查德·塞勒（Richard Thaler）给康奈尔大学半个班的本科生价值 6 美元的学院咖啡杯，然后让他们与同班同学做交易，即让没有学院咖啡杯的同学花钱购买自己的杯子[34]。塞勒发现，因为杯子的持有者对自己所有物的估值比别人愿意支付给他们的价格高，所以只有很少人交易成功了。而且，一旦某件物品成了我们的所属物，相比于完全相同的物品，我们会高估自己物品的价值。

这一偏好被称为禀赋效应（Endowment Effect）[35]，对于它的研究涉及葡萄酒到巧克力棒，已经被广泛地重复多次了[36]。

即使某件物品并未真的被某人拥有，比如在拍卖中对物品叫价时，对于最终会拥有某件东西的预期也会造成价值高估的偏好[37]。对同一件物品叫价时，被允许接触物品 30 秒的人相比于只能接触物品 10 秒的人，会愿意多出 50% 的价格。然而，与物品的接触似乎是一个关键因素。如果我们只是被告知拥有某件东西，这是不会激发禀赋效应的。我们与物品接触的时间越长，越会高估它的价值并且不愿意与之分离。这下你还会奇怪为什么我们总被商家邀请进店转转并试用产品了吧，他们很清楚，一旦我们与产品产生了接触，售卖就会变得更加容易。

对于禀赋效应的一个被广泛接受的解释是，我们没那么珍惜拥有的每件物品，我们更害怕可能失去某件物品。这一偏好被称为损失厌恶（loss aversion），这是丹尼尔·卡尼曼前景理论的核心组成部分，卡尼曼就是做结肠镜检查研究的那位科学家。依据这一理论，相比于潜在的获益，人们更注重损失。比如在蒙特·霍尔问题中换门或是卖掉乐透彩票，比起收获我们更害怕失去。对后悔的预期对我们的影响似乎更大些。

布赖恩·克努森（Brian Knutson）一直在研究在购买和销售情境下的脑活动，他使用的是功能性磁共振技术（fMRI）[38]。他发现，当我们看到自己喜欢的产品时，不管我们是购买还是销售，属于大脑奖赏回路的伏隔核的激活会增强。当我们认为可以以更便宜的价格购买时，奖赏系统的另一个脑区前额叶皮层也会被激活，但是如果价格过高就不会有这一反应。终究，大多数人还是喜欢便宜货。然而，如果让被试卖出一个他喜欢的产品，并且价格远低于预期，那么右侧脑半球的脑岛会变得活跃。这一区域体现了期望目标和结果间的不一致，可以理解为失望的神经相关区。而且，脑岛的活动可以通过每个被试的禀赋效应大小进行预测。这些成像研究结果是与损失厌恶的解释相一致的，即因预期价格与预定售卖价格之间的矛盾产生了消极的情绪反应。我们不仅仅对所属物有偏好，而且在以低于我们对物品的估值售卖它时我们会感觉很糟。

这种对损失的厌恶听上去酷似不安全型依恋，即个体不能忍受与所爱的人分离。

依恋关系类型中被判定为焦虑型的个体会表现出更强的禀赋效应，他们会对自己的物品索要更高的价格[39]。他们不仅过分依赖于人，还对东西过分依赖！

甚至，如果他们想起过去让他们觉得焦虑或不安全的关系时，禀赋效应还会更加明显。与我们过往社交关系相联系的情绪会在我们的大脑中被记录下来，并在我们评价所属物价值时侵入我们的推理系统。

延伸自我：外物和他人建构的我

尽管关于禀赋效应的研究已经有 30 年，直到最近才有研究者开始针对北美学生以外的人群中出现的现象进行研究。其他文化中，人们对物品的所有权持有不同的态度，这是禀赋效应一个很严重的局限。例如，在与西方人的对比中，尼日利亚人更珍视他人的礼物，而对于个人所属物展现了更小的禀赋效应[40]。最近一项对北坦桑尼亚的哈扎族游猎部族成员的研究也显示，根本没有发现对于所属物的禀赋效应的证据[41]。人们认为这一差异体现了西方独立的自我中心理念和非西方社会尤其是东亚社会之间的文化差异，在这里自我被认为是为了与他人之间的关系或者为了相互依赖而存在的。

自我实验室

比如，在一个被称为“二十句子测验”的自我特征描述任务中，被试必须写 20 句话来回答纸张顶部的问题：“我是谁？”这是一个相当简单的自我概念测试[42]，可以测出一个人的很多属性，比如生理属性，像是“我很高”；或者社会角色，比如“我是个父亲”；或者个性，比

> 如“我很冲动”。在写完 20 句话的评价后，这些答案会根据内在，即特征和本质，或外在，即与他人关系中的社会角色进行分类。与生活在相互依赖的社会的个体相比，西方人通常会填写更多内在特征。

这些不同的自我概念是如何在所有权问题上体现的呢？一个解释来源于贝尔克的“自我延伸”理念，禀赋效应至少在一定程度上是评价自我价值的偏好的函数。但是不是所有个人特质都是固定的。心理学家威廉·马达克斯（William Maddux）和他的同事[43]最早提出，禀赋效应在西北大学的东亚学生中不像西方学生中那样强烈。然而，马达克斯设计了一个聪明的转换，他要求学生在写他们自己和自己与他人的社会关系之间选一个回答。这一任务可以将自我观点在关注自我和关注与他人的关系之间进行切换。当东亚学生关注他们自己时，会对自己拥有的东西产生更高估值，即他们的禀赋效应变强烈了，而被要求写与他人有关内容的西方人则出现相反的效应：他们的禀赋效应降低了。

我们不仅会高估自我所属物的价值，而且还会贪求他人关注的东西。有人发现，当我们看到别人对着某件东西微笑的时候，比起没被注意过的东西，我们会不自觉地更喜欢这些被看过的东西[44]。

这类研究表明，当我们评价物品、做出选择和展现偏好时，我们仅通过考虑环境和自己与他人的角色关系就可以轻易地被操纵。

我们通过作为群体中的一员形成自我概念，这似乎否定了“社会是个体自我的总和”这一概念。相反，自我是我们的延伸的映射，它不仅包括我们的所有物，还包括我们周围的每个人。

The Self Illusion

第6章

人形变色龙：我是性格多变的我

你知道吗？人类能够想象出的最可怕的事情之一，便是当众演讲。当对此的恐惧发展到极致时，它甚至能影响到正常生活，这就是所谓的社交恐惧症。根据美国精神医学学会（American Psychiatric Association）提供的数据，美国患社交恐惧症的人数在各种恐惧症患者中位列第一，在各类精神障碍患者中则位列第三。在人群之中，超过 1/10 的人患有社交恐惧症，考虑到我们是一种社会性动物，这个数字实在高得出奇[1]。那么，为什么会这样呢？

产生自我知觉的心智是大脑的产物，而在漫长的进化过程中，大脑已经变得高度社会化。就在这个过程中，自我已经在极大程度上为他人的存在及我们融入他们的需求所改变了。这一需求极其重要，让融入群体变成了一种对我们的存在的肯定，但同时也让它成了一个会引发焦虑与恐惧的严峻挑战。

一种相关理论解释说，他人的存在会自动触发我们的各种情绪[2]。

但凡身处群体之中，我们就会处于唤起状态，控制行为的边缘系统会自动对他人的存在做出反应。可以说，情绪的基本功能便是推动行为的产生，或让人加入群体，或让人进行躲避。甚至当他人仅仅是在注视着我们的时候，我们也会因成为他们的注意焦点而进入唤起状态。在一项我曾参与过的研究中[3]，我们发现，当被他人凝视时，受边缘系统控制，被试的瞳孔会持续放大。边缘系统决定了我们与他人的互动方式，比如是否需要战斗、逃跑或与其发生关系。

有时，唤起能让我们表现得更好。当有旁人在场时，我们会跑得更快、提高车速，在游戏中的表现也更为振奋。但当我们的相关经验不那么丰富时，唤起就会造成负面影响。一旦感受到别人在注意我们，我们就会嘴唇发干、声音颤抖、双手战栗，显示出一系列边缘系统唤起的特征。这就是为什么剧院演员在首次登台时总是心中忐忑，不能自如地演绎自己的角色。只有当我们获得丰富的经验后，我们才能从这种情绪中获益[4]。

然而，不是所有的群体行为都可能带来更好的结果。

在拔河比赛中，人们群体参赛时所用的力气仅为个人参赛时的一半左右，这种现象被称为“社会惰化”（social loafing）[5]。在身处人群中时，如果付出得不到赏识，我们就不再会有努力的动力。只有受到了赏识，我们才会加倍上进。这种对赏识的需求同样也能解释，为什么在许多关于温和话题的讨论上，群体的观点却十分极端化[6]：为了获得他人的认可，人们通常会发表一些自认为代表群体意见的激进观点，而这又会反过来增加群体的极端化程度。若是将这种强大的力量与所谓“群体思维”[7]，即为了鼓励“抱团”，在群体中暂时停用个人批判性思维的倾向结合在一起，我们在群体中的异常表现就显而易见了。政治极端主义的产生之所以不仅需要少数领导者的决策，还需要大众的服从，原因便是在此。当我们处于群体中时，自以为保有的那个“自我”已经被他人的意志所压制了，所谓独立只是一种错觉。

引诱自杀：去个性化的真相

2010年1月，在英国的M60高速公路上，一位女性站在桥上意欲轻生。警察与她僵持了4个小时，在此期间，公路一直塞车。一位名叫史蒂夫·彭柯（Steve Penk）的电台主持人认为，在此时给被困住的司机们播放著名摇滚乐队范·海伦乐队（Van Helen）的名曲《跳》（*Jump*），无疑是一个绝佳的恶作剧[8]。据传，现场一名司机在乐曲开始播放后调大了广播音量，那位女性在听见之后立刻跳下了桥。幸运的是她获救了，但彭柯始终毫无悔意。

彭柯在做决定时必定知道自己的行为能够取悦听众，否则他不会去戏弄那位潜在的自杀者。而对于现场的司机们来说，他们也不大可能在正常情况下抱有伤害她的意图。事件结束后，他们都被疏散了，对自己行为的后果毫无意识。这种群体性行为被称作引诱自杀。因为大多数自杀并非发生在公共场所，这种行为十分罕见，但也有相关案例详细记录了现场的人们如何怂恿他人自杀。考虑到他们平常不太可能会做出这样的事，我们又该怎样去看待这种行为呢？

关于这个问题的一种解释是群体会造成去个性化（deindividuation），即让个体丧失自我。一项对美国1966年至1976年间的166起自杀行为的分析表明，现场通常有大约20人围观，其中的半数人都在怂恿受害者自杀，或是对他们进行讥讽嘲笑[9]。与引诱自杀相关的因素通常包括围观群体的数量、群体与自杀者之间的距离，以及发生时间是白天还是夜晚。可以说，所有能够让围观者藏匿起自我的因素都与这种行为有关。

对群体外人员的匿名程度似乎是其中最关键的影响因素，如果人们发现自己可以不用对自己的行为负责任，更多的反社会行为就可能发生。群体暴乱、动用私刑和流氓行为都被认为是从众心理的表现，而从众心理则正是来源于去个性化[10]。反之，匿名程度越低，我们的表现就会越好。

自我实验室

> 在一项简单的相关研究中，研究者在咖啡间收费箱上方的墙上悬挂了一幅画有一双眼睛的图画，人们需要自觉地将购买饮料的钱投入这个箱子[11]。在接下来的 10 个月中，收费箱上的图画被定时轮番更换，或是花卉图，或是眼睛图。当悬挂的是眼睛图时，买了饮料却不付钱的人更少。

和那些自觉的万圣节儿童被试一样，当能从镜子中看到自己的行为时，我们会更加诚实，因为感知到了自我后，我们更可能对自己的行为负责。另一个例子是，在单独答题时，有多达 71% 的被试在考试结束后仍然继续答题，这被视为作弊，但当房间内有一面镜子时，这个比例降到了 7%[12]。但凡可能将我们暴露在他人的监视之下的操作，都会让我们的行为更加积极化和亲社会化。从这个角度来看，群体所激发的既包括自我的积极面，也包括自我的消极面。

个体是否真的会被去个性化，以致在人群中丧失了自我？心理学家沃恩·贝尔（Vaughan Bell）[13] 指出，人们在这种情况下其实不需要抛弃本来身份，而只是将自己视作一个不同于本来自我的大群体中的一部分。

跟我一起做

不妨想象一下，你现在正身处回家的末班车上，同车乘客包括一群醉酒的学生、一对老年夫妇和一个用自带音响大声播放音乐的少年。你无法从他们身上找到任何共同点，甚至有可能对他们感到厌恶。但如果就在此时，一群抢劫者、外星人或是丧尸突然开始攻击这辆车，你们就会自动聚集为一个群体，制订计划来抵抗入侵者。

在此过程中，你并未失去自我，而是为了实现群体目标，以成员的形式生成了一个新的身份。许多电影中的故事都以类似的方式展开，人们发现自己身处险境，英雄与反派纷纷出现。

因此，群体不会导致去个性化的发生，只是因为情景需要暂时占了上风，而自我则属于从属地位[14]。

过顶传球游戏

你还记得小时候玩过的一种叫作“过顶传球”的游戏吗？这是一种整人的恶搞游戏。通常来说，需要有两个人互相传球，另一个人则站在他们中间抢球。这听起来没什么，但以前玩这个游戏的时候，每次轮到我抢球，我都会感到一种强烈的被排斥感，因此觉得十分沮丧。

作为一种社会性动物，我们总是十分关心他人的想法。的确，正如菲利普·罗查特[15]所说，“做人总需要在乎名誉”。他还将被群体驱逐这种厄运称作“心理性死亡”。被同伴忽略或排斥是十分痛苦的，大多数人应该都记得小时候被伙伴戏弄或是不能参加球赛时，曾感到多么沮丧。在那时，这些事不啻为个人的悲剧。

正是因此，霸凌造成的并不只有身体上的痛苦，还有精神创伤。一项由美国国家儿童健康研究所（National Institute of Child Health）在 2001 年发布的调查表明，约有 1/3 的青少年曾参与或遭受霸凌[16]。霸凌在男孩中比女孩中更为普遍，而模式也具有性别差异[17]。男孩更倾向于同时使用肢体与语言暴力，而女孩则更倾向于辱骂受害者，或是制造并传播谣言。不过，尽管女孩使用肢体暴力的可能性较低，神经科学研究显示，冷暴力式的社会排斥带来的痛苦并不逊于肢体暴力。

普渡大学的心理学教授基普·威廉（Kip William）曾亲身经历过这样的痛苦。一天，他在公园中遛狗，不巧突然被两个陌生男孩玩的飞碟打中了。之后，他加入了他们的队伍，开始一起玩。但这样欢乐的场面只持续了一分钟，两个男孩便不再理会基普了。他很快发现了这一点，对自己因遭排斥而感受到的沮丧程度十分惊讶，毕竟他只在这个群体中待了一分钟，还与另两名成员素不相识。他终于意识到，我们对排斥竟然具有如此之高的敏感程度。

基普从自己的经历出发，开发了一款名为“电子传球”的虚拟游戏。在这个游戏中，被试需要与另外两人一起来回传球，并接受对此过程的大脑扫描[18]。和飞碟事件中基普的遭遇一样，被试会渐渐感受到同伴的排斥与忽视。此时，被排斥的痛苦导致大脑中与社会认知及冲突解决相关的一个重要区域，即前扣带回皮层的激活。游戏中的社会排斥激活了与负面情绪相关的脑区，引发了惊恐、悲伤等多种情绪。同前文提到的自我耗损一样，那些被同伴排斥的人更容易暴饮暴食，尤其是食用那些会令人迅速发胖的垃圾食品。也许就在这个时候，这些能安抚心情的食物发挥出了它们的功效，减轻了他们的压力[19]。当我们说自己的感情受到了伤害的时候，这也许不仅仅是一个比喻，而是在表达真实的感受。这种痛并不逊于肢体遭到殴打时所感受到的痛。

值得注意的是，我们对社会排斥的敏感程度相当高。即使被试玩“电子传球”的时间仅有数分钟之久，并已经被告知这只是一个虚拟游戏，他们仍然因为受到排斥而痛苦不已[20]。这种痛苦与被试的人格类型无关，他们都比较正常，并非那种过于敏感的人。实际上，人类有一套关于排斥的基本行为模式，它是在无意识中运行的[21]。基普认为这是一种本能，并同时指出，在许多其他的社会性种群中，受到排斥通常意味着死亡。这就能解释人类为什么对社会排斥如此敏感了。

只要觉察到自己有被排斥的风险，我们就会进入高度警惕的状态，密切注意其他群体成员的互动方式，伺机重新融入这个圈子[22]。

为了增加重新被群体所接纳的可能性，遭到排斥的个体会做出一些在群体中受到欣赏的行为，因此更可能去模仿他人、答应请求、遵守规则、与人合作，而这些其实都是不应该有的。总而言之，为了被重新接纳，我们会曲意逢迎，甚至做出种种错事。

如果连这些方法都无法挽回被排斥的局面，人们就会改变策略，变得暴躁易怒："看看我吧！我明明就值得你们的注意，你们却偏偏对我视而不见，该死的！"此时，人们不再在意他人是否欢迎自己，转而想要以各种方式施加影响，吸引注意力。通常来说，受到社会排斥的人的助人倾向较低，对人较不友好，即使相处的对象并非当初的罪魁祸首，也会受到迁怒。例如，在一项相关研究中，受排斥的被试通过恶意"惩罚"一位无辜的路人来泄愤，即使知道他讨厌辣椒酱，也执意在给他的食物中加了超出常规剂量 4 倍的辣椒酱[23]。许多校园枪击案的凶手均有被排斥的经历。在一项对 15 个枪击案凶手的日记的分析调查中，研究者发现，其中有 13 人曾遭到过社会排斥[24]。虽然不是每一个人都会走上这样的不归路，但如果社会排斥不停止，被排斥的人最终会产生疏离感，认为自己一无是处。他们常会远离人群，日渐抑郁，最终以自杀结束生命。毕竟，作为人类，我们都需要归属感。

你想要加入我们吗

在写给“贝弗利山庄”（Beverly Hills）精英社会俱乐部的退出申请电报里，格劳乔·马克思（Groucho Marx）这样写道：“请一定批准我的申请，我再也不想加入任何会接纳我的俱乐部了[25]。”

无论是否愿意，我们都是各种俱乐部的成员。作为一种社会性动物，我们必须与人相处，相处的对象则包括家人、朋友等。归根到底，我们都是“人类”这个巨大俱乐部中的一员，没有人是一座孤岛。虽然总有一些人拒绝与他人为伴，试图追求与世隔绝的生活，但他们只能算是人群中的异类，而非常态。大多数人都需要归属感。我们的内心深处存在着一种动力，它驱使我们做出种种努力，从而为他人所接纳。

一些群体是相对固定的，成员标准是某些我们自己无法控制的因素，比如年龄、性别、种族、身高与国籍等。不过有时，我们也能想出一些方法来，让本不达标的自己也具备这些条件，像是谎报年龄、身着异装、做整容手术、穿增高鞋，或是改变国籍。很多人梦寐以求的事便是跻身富豪阶层和高知群体，而被划入贫民阶层或犯罪群体则令人避之唯恐不及。人们通常都不会选择成为贫民阶层或犯罪群体中的一员，但无论自己是否情愿，每个人都是属于某些群体的。更进一步地讲，将人划入群体乃是人之天性所致。连那些企图隔绝于大众的人实则也组成了一个群体，即离群索居者。

我们之所以会对他人进行分类，是因为在面对陌生人时，知道他们的来历会降低打交道的难度，从而减轻大脑的工作负担，加快反应速度。

总结已知的过去经验，并将其应用到未知的将来，是大脑的主要工作原理之一，也有可能是一种在进化过程中形成的提高信息处理效率的机制。当我们将某个人划归于某个群体时，我们所知的关于该群体的所有刻板印象都会被启动，并影响我们与此人的相处方式。但一个十分明显的问题在于，刻板印象不总是可靠的，它有可能与我们面前的那个人毫无关联，这样自然就会导致错误的相处模式。

刻板印象并非由我们自主创造，它会受到他人的控制，也会为偏见所左右。这就意味着我们可能会受到误导，因而心怀偏见。

自我实验室

> 在一项习得实验中，被试被要求在同伴身上施刑，刑罚的强度是可由他们自己选择的[26]。如果他们在实验开始前“偶然”听见主试将这些受刑者描述为“动物”而非“人类”，他们所选的刑罚强度就会更高。显然，这些被试都被他人影响了。

大多数人都不喜欢被归类，但实际上，给人贴标签、被人贴标签都是人的天性，而贴标签的过程则在很大程度上受到他人想法的影响。人们实际上不像自己想的那样坚定自主，他们看待别人的方式通常不是由自己决定的，而是由集体意识所控制的。

我们所在的群体造就了我们。我们受益于集体的力量以及它所带来的资源与友谊，除此之外，群体还有利于自我同一性的形成。归属于一个群体能够对自我进行塑造，因为我们总是自动地将自己与其他成员归为一类。我们之所以能认识到这一点，还当归功于以亨利·泰菲尔（Henri Tajfel）为首的一群心理学家。泰菲尔曾是我所在的布里斯托大学的心理系主任，在来此任教之前，他曾在二战中目睹了群体的影响力。那时，他的祖国法国在德军的攻势下沦陷，他也惨遭俘虏，所幸小心隐瞒了自己实则身为波兰籍犹太人的秘密，在狱卒手中保住了性命。战后，他将毕生都奉献给了群体心理学的研究。在一个经典研究中，他通过掷硬币的方式将一群在布里斯托大学上学的男孩随机分为两组，发现这竟然改变了两组人之间的相处模式[27]。组内成员间会互相善待，却十分敌视“外组”成员。而实际上，他们原本都来自同一个班级。

蓝色眼睛与棕色眼睛

其实，在泰菲尔完成这项研究的数年前，在美国已经有一位名叫简·艾略特（Jane Elliot）的小学老师进行过类似的实验。她来自美国中部，在艾奥瓦州教三年级[28]。时近 1968 年 4 月 4 日，她所任教的班级正在学习“本月人物”马丁·路德·金，此时却传来了他被刺的噩耗。孩子们对种族歧视几乎毫无认识，无法理解为何竟然会有人想要杀掉他们的“本月名人”。第二天，艾略特做出了一个大胆的决定，她开始运行一项班级专题，想以此来教导孩子们何为种族歧视。

自我实验室

> 首先，她告诉他们，有非常丰富的证据表明，蓝色眼睛的孩子比棕色眼睛的孩子更为优秀。在宣布之后，艾略特赋予了蓝色眼睛的学生诸多特权，例如课间休息的时间更长，在午餐打饭时排在队伍前面等。但就在第二天，她又说自己之前弄错了，更优秀的实际上是棕色眼睛的孩子。这样的角色互换具备同样的模式：在这两天中，被分配到较

> 差一组的学生在外表和行为上都与真正的“差生”一模一样，在考试中也表现不佳；较优一组的学生则十分歧视较差一组的学生，认为他们就是低人一等的。

仅仅被划归到一个群体就能影响到人们对于自我及群体外人员的认知。归根结底，我们会将自己与群体外人员进行具有偏向性的对比，而对比的结果有助于塑造自我认识。通过关注我们本身不具备的圈外者的特征，身份认同感便形成了。在此过程中会出现一个问题：因为关注的是他人，我们就会倾向于忽视自我，将自身的缺点轻易放过。

在此后的半个多世纪中，学界又涌现出许多相关研究，这些研究发现，人们对自己的看法总是通过身处的一系列群体而形成的。在人的一生中，这些群体构成了鲜明的层级结构，还会随着时间的推移定期发生变化。在此基础上，社会认同理论得到了改进与完善。显然，周边环境中的一些变化会改变我们的群体归属感，如结婚、生育、残疾等事件都会使我们所属的群体发生默认的变化。因为我们在一生中会拥有许多不同的身份，如儿童、青少年、劳动者、父母等，我们通常会同时身处多个群体之中。在大多数情况下，群体成员身份被认为能提升自尊。通过成为组织的一员，我们能获得一种自我认识，这种认识正是我们作为个体的存在方式。

因此，在成为独立个体的意愿与对归属感的需要之间，存在着一个微妙且易被打破的平衡，我们必须要努力维持这种平衡状态[29]。

大多数人认为，我们能洞彻自身心理，而加入某个群体与否的决定权都是掌握在自己手上的。然而，从社会心理学的研究来看，这样的想法十分幼稚，我们在群体影响力的面前不堪一击，无论我们是否接受这个事实。

我们为什么会从众

你的视力水平如何？现在请看图 6-1 中的线段，并说出 A、B、C 中的哪一条与最左边那条线段的长度最接近。这个问题实在太简单了，你肯定认为每一个视力正常的人都会选择 B。但实际上，答案却取决于你身边人的看法。

图 6-1　阿施从众实验。哪条线段（A、B 或 C）与最左边的线段长度最接近？

在一项被视作关于群体影响力的最经典的研究中[30]，所罗门·阿施（Solomon Asch）让 8 名被试参与了上述的线段实验。在实验中，他手持画有 4 条线段的卡片在室内来回走动，对被试进行询问。不过，8 人中实则只有一名真实的被试，而其他人都是与阿施“串通”好的主试。最开始时，一切似乎都进行如常，大家都在前两轮问题中给出了一致的答案。然而，在第三轮中，7 位主试统一给出了一个错误答案，声称线段 C 与最左边线段的长度最为接近。当听到这个答案时，那名真被试用怀疑的眼神看向了他的同伴们，心想他们是不是眼睛出了问题。而轮到他回答时，他又会选择哪一条呢？大约有 3/4

的被试都会与同伴保持一致，也给出了错误的答案。这些被试并非突然间出现了视力障碍，而是为了不被这个群体排斥而选择了从众。每一名被试都非常清楚正确答案应当是哪一个，但他们都不想使自己的表现异于他人，不想做那一只可能会被枪打的出头鸟，因此，他们都向群体意见低头了。

如果是在更复杂的场景中，例如陪审团在法庭上评估证据，情况又会如何呢？希德尼·吕美特（Sidney Lumet）执导的于 1957 年上映的电影《十二怒汉》（*Twelve Angry Men*）就是描绘群体心理学的经典之作。在影片中，一名西班牙裔的美国男孩被指控谋杀了他的父亲，由亨利·方达（Henry Fonda）扮演的主人公是陪审团中唯一一个对指控持有异议的人。通过努力，他渐渐说服了其他成员，告诉他们目击证词不仅不可靠，还有可能是错误的。电影的摄制时间远远早于虚假记忆的相关研究出现的时间。随着影片的展开，主人公一一赢得了支持，对男孩是否有罪的表决结果也在逐渐发生变化。总而言之，这部电影生动地描述了服从与群体一致性的影响力。

当我们做出从众行为时，起影响作用的不仅仅是群体的力量或来自同伴的压力，更重要的是我们自身持有的为他人所接纳的意愿。

这种对从众的需求是一股强大的力量，足以塑造自我，并改变我们的思维方式。换言之，对群体的服从不仅意味着表面上的遵循，还有对群体规范的切实接纳。例如，当人们被要求评估音乐或面孔的吸引力时[31]，若个人喜好与群体意见产生冲突，与社会认知及奖赏评估有关的脑区就会被激活。不过，只要拥有一名同盟者，坚持己见的难度就会降低。在阿施的线段实验中，只要 7 名主试中出现一位给出正确答案的人，从众的效应就会被大大削弱。有另一名持异议者做伴，我们就不再是一个单独的个体，而成了一个新群体中的一员。在《十二怒汉》中，这种现象也有所体现。我们之所以要寻找持相同意见的人，就是因为人数本身就具有影响力。这也能解释为什么独裁者总是要将反对力量扼杀于摇篮之中。如果觉得自己势单力薄，人们就更可能会屈从于权力的淫威之下，奋起反抗的可能性则会大大降低。历史证明，独裁政府总是能成功地以高压恐怖手段控制人民，然而毫无疑问的是，镇压异见也需要有大批人来执行统治者的意图，否则便孤掌难鸣。由此可见，群体的影响力可以被操控着改变人性，本性善良的普通人有时也会在这种情境中化身魔鬼。

路西法效应：好人为什么会作恶

你觉得自己是一个坏人吗？你会残忍地折磨无力反抗的人或者小动物吗？不妨评估一下你进行以下行为的可能性：

- 电击他人至死；
- 虐待小狗；
- 向他人注射致死药物；
- 脱光同事的衣服，并强迫他 / 她与另一名同事发生性行为。

大多数读者应该都会认为这些行为实在令人发指。但来自斯坦福大学的心理学家菲利普·津巴多（Phil Zimbardo）在他的著作《路西法效应》（*The Lucifer Effect*）[32] 中重新探讨了这一问题，即好人是如何在恶劣的环境中变坏，陷入最终走向堕落的恶性循环。他在书中说到，即使大家都否认这一点，所有人其实都有可能会做出上述恶行。我们都相信自己禀性善良，而只有坏人才会做出坏事来。个体应对自己的道德选择负责任，这一假设正是法律体系的建构基础。然而津巴多却认为，决定我们行为与对待他人方式的其实是周围环境与身边人带来的影响。如果说自我幻象包含基本的道德伦理的话，那么这种道德伦理必定是受我们身边的人支配的。

津巴多留着山羊胡子，在外形上与一幅有名的路西法肖像颇为相似。他曾在 1971 年进行了充满争议的斯坦福监狱实验（Stanford Prison Experiment），他让普通学生扮演狱卒与囚犯，探索了模拟监狱情境可能带来的种种后果。实验的计划时长为两个星期，在斯坦福大学心理学系的地下室中进行，那里被布置为一个临时监狱。和泰菲尔在布里斯托大学的实验一样，被试通过掷硬币的方式被随机分为两组，一组扮演狱卒，另一组扮演囚犯。每人每天都会获得 15 美元的被试费。最开始，大多数人都认为这些钱唾手可得，在接下来的两周中只需要敷衍了事即可，但接下来发生的一切让每一位参与者都大为震惊，并最终为邪恶心理学的研究留下了大量的宝贵资料。邪恶心理学由津巴多提出，可以用来解释许多表面上令人难以置信的残忍暴行。

自我实验室

为了尽可能地模拟真实情况，“囚犯们”在实验开始前的一个周日被真正的警察逮捕起来，被铐上手铐、蒙住眼睛并送进了“监狱”。在那里，他们又被强行脱去所有衣物，穿上囚衣。这才仅仅是受辱的开始。之后，身着制服、戴着镜面墨镜的“狱卒”出现了。当犯人想如厕时，狱卒会在他们头上套上纸袋。狱卒还给囚犯制定了冗长的规章制度，他们必须一一牢记，否则就会遭到严惩。在非常短的时间内，情况便开始恶化了。虽然狱卒没有事先收到可以虐待囚犯的指令，但却开始自发地将种种残酷的折磨施加在他们身上。在这种独裁的高压氛围中，囚犯们痛苦不堪，而狱卒们的理智还在继续失控。

从科学的角度来说，这样的结果其实是令人振奋的。即使每位被试都清楚自己并非身处真正的监狱中，暴行与痛苦却都已经切实存在了。道德竟然败坏得如此容易且迅速，津巴多为此感到激动不已，他要求让实验继续下去。在这里，他的主要角色是负责这一实验的科学家，但同时他也扮演了监狱主管。他渐渐沉浸在这个虚构的故事脚本中，成了角色扮演游戏里的一员。

津巴多当时的女友是克里斯蒂娜·马斯拉奇（Christina Maslach），那一年刚从斯坦福大学获得博士学位，她后来也成了一名心理学教授。她碰巧造访了这座临时监狱，想要知晓实验的进度，却被自己的见闻所震惊。她告诉津巴多："你对这些男孩们所做的一切实在太可怕了！"这对恋人之间随机爆发了激烈的争吵，她后来回忆道："他看起来已经完全不像是我了解的那个他，也不再是我熟悉的爱人了。"显然，津巴多已经迷失在了这个虚构的故事中，无法觉察自己的行为是如何残忍。在实验的第七天，主要应克里斯蒂娜的恳求，他终止了这个实验。第二年，他们结为夫妻。

在随后的 40 余年中，人们就斯坦福监狱实验进行了种种讨论。一方面，将被试置于这种可能导致极端结果发生的情景中是违反实验伦理的；另一方面，如何解释实验结果也异见重重[33]。津巴多认为，在去个性化的过程中，潜藏在人内心深处的魔鬼随时可能会挣脱束缚；而另一些人则认为，这只是一场过火的角色扮演。从一定程度上来说，后者的观点可能是正确的。也许一些被试的确看了太多的监狱题材电影，比如《铁窗喋血》（*Cool Hand Luke*）。在这部影片中，狱卒正是戴着与实验里同样款式的镜面墨镜，表现得又凶狠又残忍[34]。一名扮演狱卒的被试甚至讲起了美国南部方言，这正是一种对监狱警察的广为流传的刻板印象。被试的一举一动都与想象中的狱卒与囚犯的行为模式相符。然而，就算这一切只是在演戏，我们依然想要知道，角色扮演与现实之间究竟存在怎样的差别。"我可能会行为失控，但那不是真正的我。"这样的话意味着什么呢？真正的“我”，或是真实的自我，它到底是什么模样？

穿白大褂的人

有些人可能会质疑斯坦福监狱实验的真实性。而当权威真实存在时，又会发生什么呢？这正是斯坦利·米尔格拉姆（Stanley Milgram）的研究内容。米尔格拉姆曾是所罗门·阿施的研究助理，20 世纪 60 年代早期，他想在导师的研究基础上进行更深层次的探索。在一项被后世认为是心理学界最具争议的研究中，米尔格拉姆揭示了权威的巨大力量，在这种力量的影响下，服从变成了盲从[35]。

实验开始于一个招募被试的简单广告，广告中说，这个实验是关于学习与惩罚的，将在著名的耶鲁大学进行，参与者会获得每小时 4 美元的被试费。当被试来到实验室时，他们会见到穿着白大褂的主试以及另一位中年男子。主试会告知被试，这名男子也是来参与实验的，但他实际上是一名经过专门训练的演员。在伪造的“随机”决定中，主试将被试分配到教师的角色上，演员则被分配到学习者的角色上。学习者将会进入另一个房间，教师通过内部通话系统向其朗读单词，再由学习者进行重复。如果他犯了错误，教师可以按下按钮，对其施以电击。电击的大小最低为 15 伏，最高为 450 伏，被平均分为 30 个水平。每一个按钮旁边都有电压大小的标注，以及该水平电击带来的后果描述，由轻至重依次为“轻度”（15 伏 –150 伏）、“强”（165 伏 –195 伏）、“很强”（210 伏 –255 伏）、“剧烈”（270 伏 –315 伏）、“极度剧烈”（330 伏 –375 伏）以及“危险，致命”（390 伏 –420 伏）。435 伏 –450 伏的按钮旁边没有标注，只有代表不吉利的“XXX”。为了让被试知道电击的感觉，他们都会在实验前接受一次大小为 45 伏的电击。这种水平的电击会带来刺痛感。

一开始，一切进展顺利，学习者返回的都是正确答案。但当他开始犯错时，教师便开始按照主试的指导实施惩罚。当然，身处另一个房间的演员不会真的遭到电击，而只是按照被试选择的电击水平表演出种种痛苦之状。随着电击水平的升高，他也表现得越来越痛苦。最初，他抱怨说电击让他感到疼痛，接着又说电击让他十分痛苦。之后，他开始尖叫，电击越强，叫声越高。接下来，他开始哀求教师停止惩罚，声称自己的心脏已经出了问题。在这时，许多教师都说自己已经无法再继续下去了，但主试会面无表情地告知他们："请继续。"被试显然已经处于巨大的压力之下，他们身体发抖，不断出汗，却还是按主试的要求继续教学。即使学习者那边已经沉默了，电击水平也达到了 300 伏，被试依然被告知说，学习者不能给出正确答案就是犯错，教师需要继续进行惩罚。

若是身处这样的情境中，你会怎么做？在进行实验之前，米尔格拉姆咨询了 40 名精神病学家，请他们对被试的行为进行预测。作为人类心理学领域的专家，他们一致认为，将电击水平一路提升至 450 伏的被试在总数中所占的比例会低于 1%。他们犯了一个多大的错误呢？实验结果显示，约有 2/3 的被试采取了这样的行为。在穿着白大褂的主试的要求下，他们已经做好了杀人的准备。

或许被试很清楚这一切其实都是假的，也知道学习者没有受到真正的伤害呢？我对这样的看法持怀疑态度。我曾看过这项实验的早期录像带，因为被试屈从于主试的命令，对学习者施加足以致死的电击，他们看起来明显十分痛苦，这也使观看他们的行为成了一件令人不快的事。而在一项放在现在绝对不会通过伦理委员会审批的后续研究中，整个米尔格拉姆实验的过程几乎都被复制了下来，只是被惩罚者变成了小狗，而电击会被真实地施加在它们身上[36]。这一次，一切都不再是伪装了，小狗的痛苦显而易见，虽然它们承受的电击不足以致死，因为真实的电压远低于教师所看到的描述。在男性被试中，有一半的人将电击水平提升到了最大值；同时，令人惊讶的是，所有的女性被试都遵循主试要求，将电击水平提升到了最大值。

权威人物甚至不必与被试处于同一空间，后者也会自动服从。

在另一项以护士为对象的实验中[37]，他们接到了一个来自匿名医生的电话，要求他们给自己将要去检查的一位病人注射一种药物，注射量为 20 毫升。药瓶上的标签已经写明，常规的注射剂量为 5 毫升，建议的最大单次注射量不应超过 10 毫升。然而，在 21 名护士中，只有 1 人没有按医生的要求为病人注射整整超过安全剂量最大值 1 倍的药物。这是一项早期研究，在那之后，人们修改了伦理准则，以避免这类盲从行为的发生。不过津巴多还是记录到了许多近年来的反面例子，在这些案例中，在等级森严的机构中工作的人很容易屈服于来自上级的压力，即使他们明知这些要求是错误的。

在工作场所之外，权威的影响力在执法行为中最为显著。当被穿警察制服的人要求靠边停车时，大多数人都会服从命令，我知道我也会这样做。在对那些令人难以置信的盲从事件的记录中，津巴多描述了自己作为专家证人参与美国一起连环侵害案件的经历。这一系列案件发生在 20 世纪末至 21 世纪初美国各地的快餐连锁店中，共计 60 次。嫌疑人致电店内，向大堂副理声称自己是一名警察，因为有一名店员涉嫌盗窃钱财与藏匿毒品，所以警方正在来店里的路上，在他们赶到之前，大堂副理需要协助他控制这名店员，并对其进行搜身检查。当然，这通电话其实不是警方打来的，嫌疑人是一名性变态者，他通过在电话里倾听大堂副理描述搜查的细节以获得性满足。在津巴多参与审理的案件中，一位饱受惊吓的 18 岁女店员被脱光了全身衣物，并被命令与一名男同事发生性关系。他们这样做的理由仅仅是因为，这是一项来自他们认为代表

“法律”的匿名来电者的要求[38]。

平庸的邪恶

许多对服从的研究都出现在二战后不久，那时，纳粹暴行带来的痛苦还未平复。阿施、米尔格拉姆和津巴多都是美籍犹太人，他们想知道纳粹大屠杀为何能够发生。而实际上，全世界都想知道这个问题的答案。时至今日，我们仍然在思考同样的问题：为什么看似普通的人会对他人实施如此令人发指的恶行？

或许米尔格拉姆实验是那个受权威主义统治的时代的特殊产物，而现在，处于后水门时代的我们要比当初自由得多，对权力的腐蚀影响也更为警惕。然而，就在 2007 年，美国广播公司旗下的电视节目《黄金时间》（*Primetime*）重复了米尔格拉姆实验[39]。在 40 名被试中，仍然有大约 2/3 的人屈从于身着白大褂的主试的命令，将电击的水平调到了最高挡。因此，如果我们相信自己能抵挡住他人的影响，这纯属自欺欺人。事实上，每个人都有可能沦为滥用酷刑的傀儡。

当听到有人残忍地折磨他人时，我们依然十分不解：人类为何能够变得如此邪恶？一个令人惊骇的例子便是阿布·格莱布监狱虐囚事件。2004 年，世界各大报社争相刊登了一系列虐囚照片。在这些照片中，赤身裸体的伊拉克男囚犯互相堆叠，搭成了一个人形金字塔。在他们身边，军官们嬉笑着竖起大拇指，摆出各种姿势，拍出了这些被视作战利品的合影。此外，他们还对囚犯进行心理折磨：戴着头套的囚犯被强迫伸开双手站在箱子上，如果摔下来，狱卒就会通过缠绕在他们手指上的假电线进行“电击”惩罚。这些照片与津巴多的监狱实验中的情形有惊人的相似。另一些囚犯则被强行穿上女性的衣物，或是与他人进行模拟性行为。这些照片表明，在被联合部队占领后，曾被萨达姆·侯赛因用来折磨其反对者的阿布·格莱布监狱中依然在上演着各种暴行，一切如旧。

最开始，美军司令将这些丑闻斥责为害群之马的行为，声称有部分心理不正常的施虐狂不幸渗入了这支优秀军队的内部。不过，特别值得注意的是，照片中还有一位女兵。列兵琳迪·英格兰（Lynndie England）在照片中笑容满面，正用狗项圈牵着一名全裸的男性囚犯。琳迪·英格兰的成长过程平庸无奇，她从未有过出格的表现，因此不能被判定为一位性施虐狂。她从前的一名授课老师甚至将她描述为“隐形人”。因此，她或许只是一个模仿他人行为的普通人罢了。她的恋人查尔斯·加纳（Charles Garner）才是虐囚事件的主导者与照片的拍摄者，他也许对她造成了重大的影响。但无论如何，将会被永远与这些残忍行为联系在一起的，都是21岁的英格兰那张天真无邪的笑脸，而不是加纳的脸[40]。

这样的邪恶或许最令人感到不安。20世纪60年代早期，当哲学家汉娜·阿伦特（Hannah Arendt）受《纽约客》（*The New Yorker*）之托报道对纳粹战犯阿道夫·艾希曼（Adolf Eichmann）的审判时，她写到，艾希曼及其同党的问题在于，他们并非天生邪恶，而仅仅是“极度可怕的普通”。看似平凡的人犯下了罄竹难书的暴行，她所谓的“平庸的恶”仿佛正是这样一种证据，足以证明个体已屈从于战争带来的残酷行为，而人们也无力抵抗他人的意志[41]。

变色龙效应：无意识模仿的秘密

当论及上述研究中的群体影响力时，似乎没有人对自己的行为是一无所知的。在由津巴多描述的现实生活中的盲从案例中，人们也完全可能意识到自己在做什么。他们只是不认为自己应对那些行为负责。甚至在自我幻象中，他们依然坚信，只要自己不愿意，便可以不这样做，但实际上，他们总是更倾向于为了与他人保持一致或服从权威人物而暂停执行自身意愿。意识到这一点并不令人开心，但随后，人们便总能权衡最佳长期利益，以此证明自己的妥协从长远来看是正确的。这就又涉及我们的老朋友认知失调了。

有时候，我们的行为也可能会在不知不觉中受到身边人的操纵。这一切都在暗中进行，在此过程中，我们甚至完全意识不到自己已经被社会影响所左右。

自我实验室

例如，荷兰奈梅亨大学的心理学家雅普·狄克斯特霍伊斯（Ap Dijksterhuis）曾回忆过自己与几名同事一起去看足球比赛的经历[42]。在去体育场的路上，这群起初表现得平静且有序的学者迅速被裹挟进了由上百名大喊大叫的球迷和足球流氓组成的人群。就在那时，一件反常的事发生了：他们中的一员看见了一个空啤酒罐，在一时冲动下狠狠地将它踢了很远。等反应过来之后，他一时间站在原地呆若木鸡，难以相信自己方才都做了什么。他不再是一个独立的个体了，他已经变得与身边的人群一样了。

这种改变自身行为以便与他人保持一致的现象被称作“变色龙效应”（Chameleon Effect）[43]，因为变色龙能随着环境的变化改变肤色，因此以其命名。

这种行为并非刻意为之，我们对他人的模仿是自动完成的。可模仿的对象几乎包括了一切事物，从简单的体态、表情与手势，到言语与情绪等复杂的行为模式，都在这一范围内。我们会受到来自他人的种种影响，自己却毫无觉察。当朝向一个目标努力时，大脑的镜像神经系统既会被我们自身的活动激活，也会被抱有同一目标的他人的行为激活。这些镜像神经元以一种简便的方式直接将他人的行为映射到我们的大脑中，其过程与共振颇为类似。这就像是你在吉他商店里拨动了某一个吉他上的 G 弦，如果响度足够高，店里其他所有吉他的 G 弦最终都会同步振动起来。

人类镜像行为的工作原理也是如此。几乎所有人都有一个行为储备库，能在自身毫无觉察的情况下被他人的行为启动，而我们意识不到自己其实是在模仿他人。这种模仿在无意识中进行，可能会让我们做出跷二郎腿、打哈欠、揉鼻子、玩头发、改变坐姿或说话方式等行为[44]。它是一种能将自我与他人连接在一起的有效机制[45]。模仿并非全然自动化，我们只会模仿自己喜欢的人，以获得自我满足：我们先模仿喜欢的人的行为，而对方对我们的喜爱程度也会相应地增加，因此更有可能对我们进行模仿，最终在这样的循环中营造出一种惺惺相惜的氛围[46]。

我们不仅会偏爱那些模仿自己行为的人，还非常乐意在他们有需求时提供帮助[47]。在受到模仿时，我们甚至会觉得自己变得更棒了，并且这种效应会持续相当长的时间。在一项相关研究中，行为被他人模仿的被试捐献的钱数是未被模仿的人的两倍之多，而捐款其实是匿名的[48]。此外，当餐馆服务生模仿顾客的行为时，他们收到的小费会比平时更多[49]。

不过，我们并非完全受他人摆布的傀儡。即使不能完全意识到模仿行为的存在，控制社会互动的镜像系统依然能对可模仿的对象进行仔细的评估与筛选，以此对局外者进行隔离。

> **因此，我们更倾向于模仿那些与我们处于同一个社交圈子或想要结交的人，圈外者则不在其列。事实上，如果圈外者对我们做出模仿行为，我们只会对其更加厌恶而已。**

在一项实验中，实验者给被试分别呈现头像为摩洛哥人和欧洲白人的电子虚拟形象，而在偏见量表上获得高分数的荷兰白人被试面对前者的模仿行为时，厌恶程度比面对后者时更高[50]。

同步，生活的旋律

在发展早期，婴儿已经开始对那些模仿自己的人产生喜爱之情了。他们对面部表情的模仿可以被看作模仿行为的早期例子，在此过程中，大脑的运动系统被他人的行为自动激活。这或许也能解释为什么行为储备库中的储备在一个人出生之初尚十分有限，毕竟新生儿能够凭借自身完成的行为实在是屈指可数。而在出生后的 12 个月里，模仿他人的机会渐渐变多了，狡猾的婴儿们同时也开始寻找那些模仿自己的人。当 5 个月大的婴儿被放在学步车中，可以在地上自由走动时，他们更愿意接近那些模仿他们行为的陌生人，而非那些不对他们做出回应、不与他们保持行为同步的人[51]。有时，使得婴儿发育迟缓的不仅仅是可模仿对象的缺失，还有时间与努力程度的不足。患产后抑郁症的母亲对婴儿的教养方式通常有两种，要么过度冷淡，要么过度热情，无论哪一种都不利于孩子的发展。两个月大的婴儿更偏好程度适中、以模仿同步为主的互动方式[52]。

同步性是社会交往的一大特征。对话中通常需要参与者轮流发言，每一个听过广播访谈节目的人都知道，当所有的人一齐说话时，谁也听不清别人到底说了什么。因此，发言需要依次进行。这样的模式在发展早期便已经出现了：当母亲给婴儿哺乳时，她们凭本能就知道如何将自己与婴儿的行动节奏同步起来，以配合他们时快时慢的吮吸速度[53]。

动作与时机的同步会在人的整个生命中持续影响社会交往。

儿童必须要学会如何轮流做事，并控制自身冲动。人们需要习得各种日常惯例，而这些规则突显了与他人合作的重要性。无法在他人在场时进行自控的人会被形容为失去了控制。组成社会的各种机构，如学校、教会与军队等，也都需要成员之间的同步来巩固内部团结，以获得繁荣发展。音乐与舞蹈的美妙动人都需要依赖于时间的同步。在现代化军队中，即使军人需要掌握更多的科学技术，而不必再像过去一样真刀真枪地在战场上搏斗，他们依然需要学会如何步调一致，以建立队伍中的和谐气氛。同步太重要了，这就是我们将那些不能与群体保持一致的人形容为“走乱步伐”或者“掉队”的原因了。

组织化并不仅仅能被用来控制大数量的个体，实际上还能促进亲社会行为的发生。在一项研究中，被试被分配到不同的小组中，以组为单位由主试带领着在校园中散步，有的小组保持同组成员步调一致，有的小组则不一致[54]。之后，他们都按组参与了一个交易游戏，游戏的目标是使小组的总收益最大化。为了达到这个目标，组内成员必须共同选择一个风险更高但收益更多的选项，而风险较低的选项则只能获得较低的收益。如果成员觉得团队凝聚力不够强，他们就倾向于选择那个更加安全的选项。研究者发现，在游戏前曾保持同一步调的小组表现更好，即使他们其实不知道散步的目的是什么，他们之间也存在着更强的团队凝聚力。甚至让美国人齐唱邻国加拿大的国歌《噢！加拿大》后，他们也比只听过这首歌或是读过歌词的人更有可能在测试互信程度的交易游戏中获胜。

请往这边走

来自耶鲁大学的心理学家约翰·巴赫（John Bargh）已经用实验证明，只需要让被试阅读关于他人特征的文章，变色龙效应就会出现。这就是启动效应，它反映了储存特定信息的大脑区域能以某种方式受到外部相关事件的影响。例如，当学生在实验中被要求整理一系列包含与老龄化相关的词汇，如“健忘的”“退休的”“皱纹”“僵硬的”“传统的”“尖刻的”“顺从的”“保守的”“针织衫”“依赖他人的”“古老的”“无助的”“容易受骗的”等的句子后，他们离开实验室时的走路姿势通常会与老年人十分相似，走得更慢，也更容易摔倒。而如果他们阅读了带有不礼貌意味的词汇，如“大胆的”“打扰”“妨碍”“入侵”“烦人的”“无耻的”“不礼貌的”“侵犯”“令人厌恶的”等的句子后，比起阅读了有礼貌意味的句子的被试，前者更有可能打断他人的谈话[55]。

相关的外部事件会对人产生作用，有时候仅仅接触到这些词汇就能改变人的想法，进而在短时间之内影响行为。事实上，能被影响到的不只是行为，人的知识水平也会受到启动效应的影响，变得更高或者更低。如果你用 5 分钟的时间思考一名教授的必备素质是什么，你会在接下来的全民猜谜大挑战（*Trivial Pursuit*）中表现得比那些用这段时间思考如何做一名足球流氓的人更好[56]。克劳德·斯蒂尔（Claude Steele）是美国最负盛名的黑人心理学家之一，他的研究方向是刻板印象可能对行为造成的负面影响[57]。在他的研究中，白人学生先完成一项任务，之后被要求想象自己是一名黑人。在第二次完成这个任务时，他们会带有明显的敌意情绪。这表明，研究者也可以用同样的方式启动负面的刻板印象。例如，仅仅列出自己的种族就会影响人的任务表现，在智商测验前被要求填写种族类别的黑人学生在测验中的表现水平就显著低于控制组。

这些启动效应甚至也能通过模仿行为而产生。例如，在数学测验中存在这样一种种族刻板印象，即亚裔的成绩高于白人，白人的成绩又高于黑人[58]。为了探究这种刻板印象是否能被模仿行为激活，研究者让亚裔、白人与黑人被试进行了一场数学测验[59]。

自我实验室

> 在测验之前，每一名被试都需要在等候室中稍坐片刻，而坐在同一房间内的还有另一名与其来自同一种族的学生。不过，这名学生实则是经过训练的主试，会模仿或不模仿真被试的行为。当主试不模仿被试时，三组被试的成绩没有显著差异，这说明刻板印象未被启动。然而，当模仿行为存在时，亚裔被试的成绩显著高于白人被试，而黑人被试的成绩最差。在相关的性别刻板印象，即女性不如男性擅长数学中，这种模仿行为效应也是存在的。

尽管表现得尽可能好才是我们的目标所在，我们仍然会或多或少地受到刻板印象以及那些可能会在无意识中将其启动的身边人的影响。

东西方的碰撞

近年来，最令人吃惊的研究发现之一，也许便是文化刻板印象带来的影响比我们之前想象中要大得多。就算是在感知世界的方式上，这个结论也是正确的。例如，人们普遍认为，即使各国人民可能会有不同的偏好与品位，音乐与艺术也是无国界的。当来自北京和波士顿的人都听到莫扎特的作品时，他们听到的音乐是一样的；而当某个东京人在欣赏马格里特（Magritte）的绘画作品时，他所见到的画面与另一位田纳西人的所见也是一致的。他们可能会对这些作品持不同看法，但却获得了相同的知觉体验。不过，这样的看法真的正确吗？理查德·尼斯贝特（Richard Nisbitt）并不这样认为。多年来，他搜集了大量证据，证明文化会影响人们感知世界的方式，并最终塑造人们对自我的看法。

在其著作《思维的版图》(*The Geography of Thought*)[60] 中，尼斯贝特提出，文化的影响力不仅在于我们处理信息的方式，还在于我们理解世界的方式。他将东方文化和西方文化大致划分开来，认为东方人倾向于以一种整体或集体主义的方式对世界进行观察和理解，注重事物之间的联系与可能存在的模式；而西方人则更加注重个体。不过我们必须牢记，在尼斯贝特的默认概念中，这里的西方基本指的是美国学生，而东方则基本指日本学生和中国学生。

根据尼斯贝特的观点，这种集体主义与个人主义的区分能解释许多复杂的行为与传统的文化差异。例如，东方整体论的一大特点便是对秩序、共鸣与和谐等信念的哲学性偏好，比如追求人与自然和谐共处、选择更佳的居住与工作环境的理念。相反，对西方人的研究表明，他们相对来说更可能会持有一种对独立自我与个人主义的积极态度[61]。

尼斯贝特认为，这种文化差异的起源可以被追溯到数千年前的古希腊与中国的春秋战国时期。不过，其实美国的近现代历史已经足以解释这个问题了。总体而言，美国这个国家是崇尚个人主义的。在一段相对较短的时间里，大批为了追求更好的生活而来到此地的移民白手起家，建立起了这个国度。其他的国家基本是在漫长的时间中以战争吞并的方式逐渐发展壮大，但美国却依靠移民成功地迅速崛起了。早期的北美洲移民之中，有一部分人是为了追求宗教自由而迁徙至此，而这种目的再一次强化了他们的独立意识。他们形成了自给自足的小型集体，在陌生的环境中挣扎求生，与土著居民进行对抗。无所事事者在此无立锥之地，人们必须要依靠自身的奋斗才能生存下去。

个人主义与独立自主的概念都已经通过各种方式深深地烙入了美国精神。当被要求用 20 句话形容自己时，西方人通常会从自身的角度进行特征描述，如“我很高”，而东方人的描述则具有更高的相对性，如“我比我的妹妹高”。在东方社会中，个体总是倾向于将自我置于社会情境中进行考量，这种对人际关系的看重或许能够解释，为什么东方人的社会惰化不如西方人强[62]。

在文化心理学这一领域，最令人印象深刻的研究结果在于，东西方人不仅在描述自己的方式上存在差异，在感知世界方面的差异也同样明显。

跟我一起做

例如，请看图 6-2，并将注意力集中在最左侧的方框与线段上。你的任务是下列两个之一：其一，将线段视为独立于方框的个体，在小方框中画一条与左侧线段长度相等的线段，即绝对任务；其二，将线段与方框看作一体，在小方框中画一条比例相等的线段，即相对任务。在右边可见正确答案。

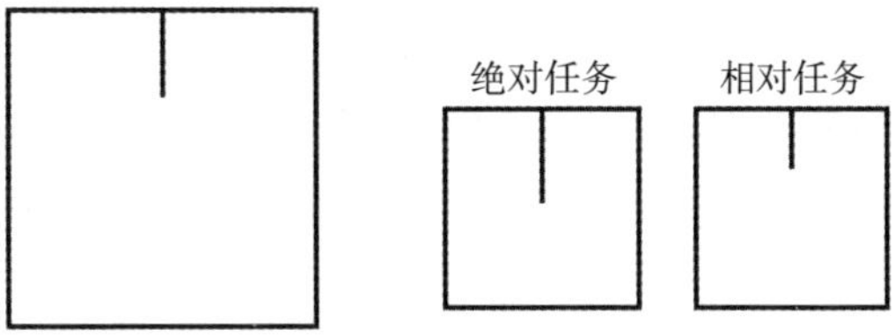

图 6-2　方框实验

完成绝对任务需要将注意力放在线段上，忽略方框的存在；而完成相对任务则需要估测线段与方框的相对关系。日本学生在相对任务中的表现显著优于绝对任务中的表现，而美国学生则正好相反[63]。这一发现意味着东方人更注重相对性而非绝对性。然而，这种差异在低龄被试中是不存在的。对于 6 岁以下的幼儿来说，无论来自东方还是西方，他们的答题模式都是一致的，即在相对任务中表现得比绝对任务中好。

只有在学校教育开始后，东西方思维模式上的典型差异才逐渐显现出来[64]。

文化背景甚至可能会影响人们观看电影的方式。在一项实验中，日本学生和美国学生一起观看了一部在水下拍摄的电影，影片中呈现了各式各样的鱼类与植物[65]。观看之后，美国学生能够回忆起大量与鱼类相关的信息，而日本学生回忆出来的则更多的是关于画面背景及物体间关系的细节。在再认任务中，被试需要从无背景、有影片中的原始背景、有与影片中不同的背景的鱼类图片中选择自己看到过的部分。对美国学生而言，无论图片的背景如何，他们都能认出影片中曾经出现过的鱼类；而日本学生则无法辨别无背景与背景被替换掉的图片中的鱼类。在另一项研究中，研究者选用了美国被试与中国被试，让他们观看鱼群移动的视频。在这个鱼群中，有一条鱼脱离了队伍，单独游于最前方。这可以理解为它在引领整个鱼群的游动方向，也可以理解为它被其他的鱼孤立了[66]。美国学生倾向于持前一种意见，而中国学生则通常认为后者是正确的。

受文化影响的内容不仅有你能看见的，还有你看不见的。我们可能会认为自己对周边发生的事情都非常了解，但实际上，除非倾注了特别的注意力，许多显眼的事物都常常受到忽略。这就是找茬游戏的关键所在。

跟我一起做

请仔细看图 6-3 中的两幅图片，它们之间存在着某些差异。答案在本章末尾。

图 6-3 变化盲视：东方人通常能更快发现两张图片之间的差异

这种不能注意到图片之间的变化的现象被称作变化盲视（change blindness），而这种盲视的程度是存在个体差异的。如果你能快速对整张图片进行加工，你就可能会更快地注意到图片之间的区别。而更关注图片中的个体元素的人则需要花更长的时间才能发现不同，因为他们在单位时间内加工的图片面积更小。所谓“一叶障目，不见泰山”。研究结果证明，西方人发现差异的速度要慢于东方人，前者通常更关注图片中的个体元素，而后者则会更多地考虑图片的全局。而眼动研究发现，相比于西方人，东方人的眼球运动更频繁，在观察时于个体目标上停留的时间更短[67]。这些都是初级水平上的加工，我们几乎都不能觉察到自己究竟是如何控制眼球运动的，那么，文化又是如何对它们造成影响的？

我们看世界的方式可以改变吗

来自东西方的人们为何会以如此不同的方式看世界？一种可能的原因是，大脑的可塑性使得发展中的大脑能对相关经验进行编码，从而对我们的视听觉造成影响。尼斯贝特认为，这一发展过程同样也影响了我们对事物进行注意的方式。这个世界充斥着各种或复杂难懂或含糊不清的事物，信息缺失比比皆是，还有威廉·詹姆斯曾说过的“极度模糊、叽叽喳喳的混沌”[68]。将信息按有意义的模式组织起来，我们才能更好地理解它。随着大脑有条不紊地产生感觉信息，这个组织过程几乎是自动完成的，它是我们通过遗传获得的来自祖先的馈赠之一。比这些默认的感觉加工更高级的过程是知觉，知觉统领感觉。

知觉引导思维的形成，当我们能越来越熟练地发现并记忆事物的规律性时，知觉会变得更加敏锐。这使得我们形成了对未来的期望，因此能够预测尚未发生的事件。例如，如果我们从过去的经验中推断出接下来将要发生什么，我们就能从中提炼出熟悉的模式。这也就是为什么对于不熟悉某种运动也不了解其比赛规则的观众而言，他们常会觉得全场一片混乱，不知该如何观看赛事。

除了这些默认的规则，他人应当算是我们最重要的知识来源。在前面的章节里，我已经谈到过婴儿如何从出生开始便具备对面孔的喜好。尼斯贝特认为，发展早期与成人的互动也会影响一个人后来看世界的方式。例如，东西方的母亲与婴儿互动和说话的方式通常是大相径庭的，美国的母亲更可能在与孩子的玩耍中提到单个的玩具，而日本的母亲则更可能与孩子一起玩社会性游戏。在一项实验中，研究者观察了美国母亲与日本母亲用同样的玩具与婴儿互动的过程，发现其中存在显著的差异[69]。美国母亲更倾向于给玩具命名，并着重介绍每件物品的特性，让婴儿的注意力集中在这一方面；日本母亲也会给玩具取名，但她们做得更多的事是与孩子一起玩互换游戏，比如“我先把这个给你，现在你再把它给我”。她们使用的语言也是不同的，美国母亲的重点在于玩具个体，日本母亲的重点则在于玩具之间的相关性质[70]。这一现象或许能够说明，为什么西方儿童能较为熟练地考量单个物体的性质，进而将其分类，而东方儿童习得这种能力的时间则较晚。

这些对事物的不同分类方式反映了孩子们能习得普遍存在的社会规范这一事实，但这种习得不像那些关键期现象一样，一出现便终生不会改变，因为它不具备固定不变的生理必要性与可能性。更为重要的是，集体主义与个人主义的观点差异很容易便可以被逆转，这表明它们并非坚如磐石。举例来说，欧美学生被要求从文章中圈出有独立意义的代词，如“我”或“我的”，或具有非独立含义的代词，如“我们”或“我们的”，被以独立代词启动的被试更支持个人主义倾向的表述，而被以非独立代词启动的被试则更支持集体主义价值观[71]。

这些操纵很明显地说明，我们对群体与自我认同的观点并非是一成不变的，为了遵从群体规范，我们会在适当的时机修改这类观点。

此外，如果启动的对象是那些在东西方文化的交互作用下长大的香港居民，当呈现的是一幅中国龙的图片时，他们的观点就会具有集体主义倾向，而当呈现的是一面美国国旗时，他们又会变成个人主义倾向。

自我实验室

> 在一项实验中，两组具有双重文化背景的香港华人被以不同的方式启动后，研究者给他们讲了一个肥胖的男孩因控制不住美食的诱惑而暴饮暴食的故事[72]。之后，被试需要评估，这个男孩的体重问题在多大程度上是由他自身的性格导致的，又在多大程度上受到了社会环境的影响。两组被试对前者的评估结果相等，即他的肥胖的确是由于自身缺乏控制力造成的恶果，但差别在于，被带有中国文化象征的物体启动的被试认为，环境的影响也同样不可忽视，而被美国国旗启动的被试则不持有这样的看法。

如何应对不断改变的我

上述研究用大量实验结果证明了核心自我这一概念是不可信的，同时支持了自我幻象的存在。如果我们如此容易受到群体压力、启动效应、刻板印象及文化线索的影响，或是自我时常屈服于环境中的风吹草动，那么根本就不可能存在一个真实的、威武不屈的自我。自我幻象虽然存在于人们的心中，却是由人们周遭的环境塑造而成。对于许多西方人来说，他们的自我幻象的典型特征是个体克服重重困难创造奇迹，而东方人中最常见的自我幻象则是具有合作精神的团队成员。如果这些自我真是内在固有的，它们就不应当被环境如此轻易地改变。而无论是用哪一种方法来看世界，都需要大众以某种方式对其进行肯定，自我幻象亦是如此。它们的产生都需要有他人在场。

有一点我们必须牢记，今时今日，我们越来越需要与他人共享这个星球上有限的生存空间。多数人都坚信自己是体贴周到、通情达理且处事公平的，很少有人会承认自己其实满怀偏见、盲目和种族歧视。但实际上，我们很容易接受各种刻板印象与失真信息，它们会影响我们的行为与思维方式。我们显然也比自己想象中更容易为他人所左右。

如果想要做到平等待人、坚守自我，我认为第一步便是要接受这样的事实：偏见是时常存在而非偶然出现的，并且如泰菲尔等人发现的那样，偏见在群体心理中根深蒂固。

解决问题的首要步骤就是承认自己正在面对这个问题，但只要自我幻象还存在于我们心中，我们便无法承认外部环境在一生中会对我们产生的深刻影响。我们无法看清这个事实，因为认知失调始终都在替我们抗拒这样的失败，以尽力维持一个完整统一的自我，即一个关于我们想象中的自我的理想化的故事。

跟我一起做

图 6-3 答案：右图的铅笔筒旁边有一只猩猩布偶。

The Self Illusion

第7章

身边的故事：我是记忆中的我

谁能忘记目击美国纽约世界贸易中心的双子塔楼（the Twin Towers）[1] 遭到袭击的那一天呢？甚至那些并未身处现场的人也同样会记忆深刻，因为那是第一次现场直播的、由全世界共同目睹的恐怖袭击。那时，我在英国的布里斯托大学工作，在办公室的墙上新装了一台电视。我常用它来观看研究视频，但在那天下午，我打开它，看到了那件发生在纽约一个晴朗的 9 月清晨的惨案。那看上去特别不真实，它本不可能发生。在那之后，我尝试着从这件事中抽离，不想就所看到的一切想太多，我清晰地记得自己所做的努力，仿佛这是恐怖袭击之外的另一条新闻。然而，至今我都不能忘记那一天，它已经被深深地烙进了每一个目击者的记忆中。后来，人们将它简称为“9·11”事件。

正如之前讨论的一样，记忆并非录像，而是我们从长时记忆中提取的故事。我们建构这些故事，以理解曾经历过的事件。随着时间的流逝，它们会被扭曲、合并、翻动、混淆，或与其他终将消失的经历一道受到损坏，从而发生变化。然而，其中的一部分记忆并未消退，依旧历历在目，或者至少看起来是这样。这些就是我们不能忘记的事。当我们目击某些惊人的事件时，记忆就会被铭刻于大脑中，正如被烧红了的熨斗烙下永久的痕迹一样。这是因为边缘系统的电活动为充满情感的记忆注入了能量 [2]。杏仁核的唤起引发了敏感性和注意力的提升。瞳孔的放大表明警戒系统已经发布高水平预警，以留意潜在的危险。随着各种在平时被忽略的琐碎细节被一一呈现出来，世界突然就变得清晰而丰富了。就像是眼前的景象瞬间被强光照亮，在这些惊人的事件中，仿佛有狗仔队用闪光灯照亮了整个世界一样，正是因此，这类记忆才被称为闪光灯记忆（flashbulb memory）[3]。与此同时，我们能够体验到过去情感的存在。似乎是受到增强的唤起和情感重要性在大脑中铺设下的生命的轨迹，形成了闪光灯记忆。

我们常常哀叹记忆的流逝，但有时候，忘记反而更好。虽然许多闪光灯记忆都与令人愉悦的事件相关联，如出生、婚礼等，然而，大部分还是源自恐惧情绪。最典型的当属事件受害者与幸存者所体验到的那些无法抹去的创伤性记忆，即创伤后应激障碍（PTSD）的常见症状。在“9·11”事件之后，住在双子塔楼附近的居民有近 1/5 患上了创伤后应激障碍[4]。他们噩梦缠身，常常不能自已地反复回忆当时的情景。情绪系统似乎强迫着我们记起那些发生在我们身上的最糟糕的事。事实上，闪光灯记忆的细节可能和其他类型的记忆一样包含错误信息，但是它们看上去却准确无误。例如，许多人包括乔治·布什都记得，自己曾目睹第一架飞机撞上双子塔楼，但实际上，电视直播是在这之后很久才开始的。闪光灯记忆让我们能够铭记最糟糕的场景，也许这具有某些进化方面的意义。当涉及生存问题的时候，大自然似乎已经预先决定了这样的幸存模式：相比于对生活中的快乐念念不忘，铭记遭遇危险时的感受则更加重要。

一种对抗创伤后应激障碍的方法是在事件发生后立即注射 β 受体阻滞剂，如普萘洛尔（propranolol）[5]。β 受体阻滞剂可以抑制边缘系统的唤起，从而降低记忆编码时受到的情绪冲击程度。人们仍然能够记得发生过的事，但不会产生那么多负面情绪了。最近，耶鲁大学医学院的迪安·艾金斯（Deane Aikins）正在进行一项研究，主题是普萘洛尔是否能有效减轻军人的应激症状。在此之前，甚至有人提出，应当本着未雨绸缪的思想，为每个奔赴战场前的军人配备普萘洛尔。这种观点引起了广泛关注。我们真的想要服用这类药物，关闭能够阻止我们冲动行事的控制系统，并避免道德的谴责吗[6]？如果失去了负罪感，人可能会变得对痛苦免疫。然而，我们真的需要一群只懂盲从而毫无道德感的士兵吗？想想米尔格拉姆实验和阿布·格莱布监狱虐俘事件吧。抗击创伤后应激障碍、帮助患者走出不可控事件的阴影，与自觉毫无过错可言，显然是两件截然不同的事。总之，这种创伤后应激障碍的心理药理学疗法尚是一片道德雷区。

无论如何，对那些幸存者来说，“9·11”事件造成的情感浩劫是不可能轻易由药物治愈的。他们的心灵受创，被闪光灯记忆反复折磨。最开始，美国民众尚能与他们分担悲伤，每个人都试着理解由“9·11”事件带来的极度恐惧。然而生活终究需要回归正轨。相关记忆逐渐褪色，人们开始继续向前，但幸存者们却做不到。“9·11”事件发生两年后，幸存者们开始自发地组织小型聚会，交流彼此的经历、噩梦与痛苦。他们通常对自己活下来了这件事心怀愧疚，急需倾诉。“9·11”事件生还者联盟的建立者之一格里·博加奇（Gerry Bogacz）对此解释道：“在这件事过去之后，你再也不能和家人谈论它，因为你已经让他们精疲力竭了。你倾诉的欲望远远大于他们倾听的能力。”生还者联盟在曼哈顿地区逐渐扩大了规模，越来越多的人加入其中，期望从其他幸存者的身上寻求慰藉，因为只有亲身经历过这场浩劫的人才能真正理解其中的痛苦。在聚会中，他们分享彼此的故事。每一次讲述都能帮助他们释放出积压已久的负面情绪。

不久之后，一个故事开始在这些幸存者之中流传起来。故事的主人公是从双子塔楼南楼成功逃生的塔妮娅·黑德（Tania Herd），当美国联合航空的175 次航班撞入南楼时，她正在 78 层等待电梯。她在爆炸中被航空燃油严重烧伤，但最终还是爬出了废墟。逃生途中，有一个男人在临死之前将结婚戒指交给她，她后来将戒指转交给了他的妻子。塔妮娅是从撞击点之上的楼层生还的 19 人之一。她后来回忆说，自己是被 24 岁的志愿消防员韦尔斯·克劳瑟（Welles Crowther）救出的。这位志愿者总是戴着一条红色的印花大头巾，根据目击者的证词，他在第四次进入废墟时牺牲了。而成功逃出的塔妮娅也并非一无所失，在获救之后，她才得知身在北楼的未婚夫戴维已经遇难。她在几周之前刚刚挑选好了婚纱，但这场婚礼再也没能举行。

正如其他的幸存者一样，塔妮娅也需要努力抚平精神创伤。她创建了一个幸存者的网络小组，后来，她的故事传到格里·博加奇耳中，他邀请她加入生还者联盟。塔妮娅的故事是引人注目的，因为在“9 · 11”事件中，她比大部分人失去得都多，但她最终找到了战胜不幸的勇气与信念。这无疑是一个令人欢欣鼓舞的故事，主人公为那些迷失在痛苦中的人们提供了希望。听了这个故事以后，还有谁能继续沉溺于自己的伤痛中无法自拔呢？

很快，塔妮娅开始为幸存者而战斗了。人们需要倾听来自这个群体的声音。她积极奔走，为幸存者取得了参观对外封闭的双子塔楼遗址归零地（Ground Zero）的权利。后来，她成为生还者联盟的发言人，并在其后出任主席。2005 年，世贸中心游客中心投入使用，塔妮娅作为首任导游，负责带领纽约市市长布隆伯格（Bloomberg）、前市长朱利亚尼（Giuliani）、前纽约州州长帕塔基（Pataki）及其他政要进行参观，并为他们讲述了她的“9 · 11”经历。

塔妮娅·黑德成了“9 · 11”事件幸存者的代表人物……如果这个人是真实存在着的话。她的故事不是来自虚假记忆，而是一场彻头彻尾的骗局。和我一样，她是通过电视收看了直播，彼时她尚身在家乡西班牙。她实际上不在南楼为美林证券公司（Merrill Lynch）工作，未曾爬过瓦砾遍布的废墟、带走一个垂死男人的戒指、被真实的“9 · 11”事件英雄韦尔斯·克劳瑟所救，更没有失去一个在北楼工作的未婚夫戴维。塔妮娅·黑德是不存在的，她其实是西班牙人艾丽西亚·埃斯特维·黑德（Alicia Esteve Head），塔妮娅的故事全部由她凭空捏造，她甚至是在“9·11”事件发生的两年后才第一次踏上了美国的土地[7]。然而，美国当局不能逮捕她，因为她未触犯任何法律。2007 年，她失踪了。2008 年 2 月，生还者联盟收到了一封来自西班牙的电报，声称艾丽西亚·埃斯特维·黑德已经自杀。意料之中的是，几乎没有人相信这个消息。

艾丽西亚出身于一个富裕的家庭，但她一定在成长过程中缺失了某样无法用金钱买到的东西。为了加以弥补，以这场世上最惨烈的恐怖袭击为背景，她将自己视为其中一个浪漫的悲剧故事的受害者，以获得他人的注意与同情。如果没有被知情者揭穿，艾丽西亚甚至能以塔妮娅的身份一直活在这个弥天大谎中。我们也许不能知晓她究竟为何编造了这场骗局，但可以确信的是，这个故事正是她想要的生活。她可能已经在不断地重复中相信了自己的谎言，将自己塑造成了一个冲破万难而幸存下来的英雄，封闭于幻想的世界中。

如果存在生命复制机

记忆是什么？你能保留它、编造它或是复制它吗？如果我们是我们的记忆，我们能被再创造吗？记忆是以电活动的形式被储存起来的信息，能够“再现”它形成之时的情景。这种再现正是记忆的本质，虽然人类记忆是动态的而非僵化的，并会随着新信息的涌入而变化。如果我们是我们的大脑，而大脑是由加权的电活动连接而成的细胞网络，那么，复制记忆就是可行的。我们应该可以复制我们自己。

复制记忆的可能性是“何为独特性”这个问题的关键。读者不妨想象一台能够从基本原子结构开始复制任何物理对象的机器。无论是什么材质、难度有多高，这台机器都能完美地复制任何物质。值得注意的是，工程师们其实正在致力于发明这种机器，它有一个广为人知的名字，即 3D 打印机。3D 打印机的工作原理是用激光扫描目标物体并计算其尺寸，随后将信息转移到喷气模塑设备上，使用液态塑料制作出目标物体的复制品。这种技术未来能被应用于在外星球建造人类居住点，并免去运输材料的麻烦。不过目前为止，这项技术还不成熟，其中的一项关键问题，即怎样建造由不同材质构成的复杂物体的内部，依然未能得到解决。但正如约翰尼斯·古登堡（Johannes Gutenberg）发明的铅活字印刷术在 15 世纪被视为科学史上的奇迹，在今人看来也不过尔尔，3D 打印技术的成熟大概也只是时间问题。

跟我一起做

现在，让我们忽略手段问题，直接假设人类已经拥有精确复制任何事物的技术。想象你进入了这样一台机器并被复制。这个新的“你”会是什么样的呢？让我们同时假设一切非物质的精神都是可被复制的。那么，这个复制品会是“你”吗？

长久以来，这个问题吸引了无数的哲学家和作家[8]，并在近年来随着基因测序、3D 打印等技术的飞速发展而重新进入公众视野。在所有的情境中，人们都发现了一个关于同一性的基本问题：是什么让每个人与众不同？

在一项研究中，实验者给被试讲述了不幸的吉姆的故事。故事发生在科幻背景下，那时移植技术已经非常先进。吉姆遭遇了一起事故，身体严重受损，需要进行记忆移植[9]。在第一个故事版本中，吉姆失去了所有的记忆，但医生能将他的大脑移植到机器人或由基因工程技术制造的生物身体上。而在另一个版本中，医生在吉姆脑死亡前下载了他所有的记忆，并将这些记忆转植到替代体上。移植手术结束后，吉姆的身体被火化。被试在听完故事后需要考虑这样的问题：手术是否成功？病人还是吉姆本人吗？

被试是否认为这个人还是吉姆，首先取决于他的记忆是否被保留下来了，而不是它现在被移植到了什么样的身体上。事实上，被试更倾向于认为承载了原有记忆的机器人是吉姆。在记忆缺失的情况下，吉姆也就不存在了。

记忆与同一性的关系属于常识范畴，在儿童四五岁时即有体现。我们用复制机研究[10]来验证以下两个问题：儿童是否会认为一只活着的仓鼠可以被复制，以及其复制品是否拥有同样的记忆[11]。为了达到“复制”的假象，我们在实验中使用了两只外貌极其相似的俄罗斯仓鼠，未经训练的人根本无法分辨出它们的差异。将复制机的原理告诉儿童被试之后，我们向他们介绍了实验用的仓鼠，并将它拥有的一些通常难以被注意到的身体特征告诉了他们：它吞下了一颗弹珠，有一颗断裂的臼齿，心脏是蓝色的。随后，我们创造了一些属于这只仓鼠的独特的记忆，可以确定的是，记忆也是被试所看不见的，但又不像弹珠和蓝色的心脏一样具有物理属性。我们给仓鼠看了每一个儿童被试画的一幅画，将他们的名字告诉了它，并让被试为它挠痒，这些都是能被存储在记忆中的情景。然后，我们将仓鼠放进复制机进行“复制”，最终“成功”地得到了“复制品”。儿童被试会怎样想呢？这两只“一模一样”的仓鼠是否拥有相同的看不见的物理特征和记忆？我们询问儿童被试，是否每只仓鼠都有蓝色的心脏、一颗断齿并吞进了弹珠。我们也问了关于记忆的问题：是否它们都记得儿童被试的名字和画，也记得曾被他们挠过痒？

凭借直觉，你会怎样认为？如果将你放入复制机，你的复制品会拥有与你相同的记忆吗？我们设计了一项在线调查，让60个成人回答，在复制仓鼠和复制他们自己的情境下，复制者与被复制者是否拥有相同的身体与记忆。大约有 4/5 的参与者认为复制品与原来的仓鼠（84%）和人（80%）拥有同样的身体。约有一半（46%）的人认为复制品与原来的仓鼠拥有同样的记忆，而认为自己的复制品与自己记忆相同的人则只占约 1/3（35%）。总体来说，成人认为身体比记忆更容易被复制，尤其是跟仓鼠作对比时。

在实验室中，我们重复进行了几次仓鼠实验，实验条件稍有变化，而结果基本一致。大约 1/3 的 4~6 岁的儿童被试认为第二只仓鼠在生理上和心理上都与第一只仓鼠完全不同，也许他们不相信复制机能复制生物。有 1/3 的被试认为两只仓鼠在各方面都是一模一样的。而有趣的是，剩下的被试则认为，它们的物体特征相同，但拥有不同的记忆。换句话说，他们认为复制机能够成功复制生物体，但不能复制记忆，这一点与成人被试的结果一致。

在另一个版本的实验中，我们给第一只仓鼠取了名字，暗示它的确具有某种身份，结果这种记忆的独特性效应增强了。很显然，给动物命名带来了一种全新的同一性，这也就是为什么如果你想要吃掉你养的牲畜，就不应该给它们取名字。由命名带来的独特性与同一性或许也可以解释这一现象：

幼儿在第一次知道自己与另外的孩子重名时，会表现得非常愤怒。

我们认为，以上发现表明儿童开始理解心智与记忆能够创造出独特个体。在之前的心理理论研究中，我们发现从 4 岁开始，儿童逐渐对他人的心理状态有了意识。发展的第一步是认识到他人也有心理，随后则能认识到心理与心理内容的重要性，即将此人与其他人区分开来。

在我们成年之后，大多数人都会认为自传体记忆对自我感知起了关键作用。身体可以复制，但记忆却不行，因为正是它造就了独特的个体。

除了前文中提到的吉姆的故事，现实生活中有至亲因罹患痴呆而失忆的人都知晓，患者的同一性与自我知觉是如何解体的。由失忆导致的同一性丧失使得患者再也不认得身边的人，这对其亲友来说无疑是一项巨大的折磨。

神经病学家奥利弗·萨克斯告诉我们，我们需要依赖他人才能建立起自我同一性。他曾接待过一个名叫威廉·汤普森（William Thompson）的患者。威廉曾是一位杂货店老板，后来患上了科尔萨科夫综合征（Korsakoff's Syndrome）。该综合征患者记忆受损，新生成的记忆只能保持 1~2 秒的时间，症状与前文提到的克莱夫·韦尔林类似。因此，威廉永远活在过去，不能生成稳定的自我感知。在一次治疗中，萨克斯穿上白大褂走进威廉的病房，想知道后者会有什么样的反应：

> “今天想买点什么呢？”威廉一边说着一边擦了擦手，“来半斤弗吉尼亚烟草，再来一块上好的诺瓦火腿如何？”
>
> （很显然，他把我当作了顾客。他经常在病房里接电话，说“这里是汤普森熟食店”。）
>
> “哦，汤普森先生！”萨克斯喊道，“你看我是谁？”
>
> “天哪，刚才光线不太好，我把你错认成了一位客人。你看起来有点儿像是我的老朋友汤姆·皮特金斯（Tom Pitkins）……我和汤姆……（说到这里，他转向了一个护士，悄悄对她说道）我们经常一起去看赛马。”
>
> “汤普森先生，你又认错人了。”
>
> “是的，我又弄错了，”威廉毫不犹豫地回答，“汤姆可不会像你一样穿白大褂。你是海米（Hymie），我隔壁的那个犹太屠夫。虽说你的衣服上没沾血迹，可我还是认出你了。今天生意不好吗？不用担心，到周末你一定会发大财的[12]。”

根据各种对萨克斯的身份的判断，威廉不停地转换着自我身份。他完全没有意识到自己是一个正在住院治疗的科尔萨科夫综合征患者，而是像萨克斯描述的一样，“时时刻刻都虚构着自己的身份与周围世界”。与那名不自主地模仿他人动作的图雷特综合征女患者不同，威廉是利用周围人的身份来建立他自己的身份。

左右大脑分离是一种怎样的体验

虚构症常见于多种类型的痴呆患者，病人常会编造听起来似乎可信的故事，以便让自己能够理解周边环境。还记得患者 TH 吗？他在照镜子时已经认不出镜中人其实就是自己，却将那人误认为是曾潜入他居所的邻居。其实，我们都能在某种程度上进行虚构，即使自己并未意识到这种行为。虚构导致了偏见、选择性理解、事件重构与认知失调，使得我们比平时更加主观。我们都有一种用有意义的故事理解世界的自然倾向，这也许反映了一个位于大脑左半球、被称为“解释器”的脑区的活动[13]。

因为大脑活动是阈下协同的，所以我们通常不能意识到解释器系统的存在，所能觉察到的只有系统的输出结果，即对客观环境、思维和行为的有意识的估计。毕竟解释器是在无意识中工作的，而我们只觉察得到意识部分。不过，神经科学家迈克尔·加扎尼加通过“裂脑人”实验成功地揭示了解释器的工作原理。

正常人的大脑犹如一部由左右半球共同书写的《双城记》。加扎尼加的实验显示，通过给大脑两个半球呈现不同的信息，我们能发现它们具有不同的自动加工过程。被试因患癫痫而被切除了连接大脑两个半球的胼胝体，也就是

“裂脑人”。在实验中，被试坐在电脑屏幕前，凝视屏幕中心的一点，文字或图像将在屏幕的左侧区域或右侧区域呈现。这保证了某一侧的视觉刺激能传输到对侧大脑半球，同时因为胼胝体已经被切断，左右半球之间并不会产生信息交换。例如，当“钥匙”（Key）和“戒指”（Ring）这两个词分别在左侧和右侧屏幕闪现时，被试报告说看见了“戒指”这个词，因为“戒指”是由负责语言的大脑左半球加工的。但如果实验者要求被试从一堆物体中选出与他看到的词对应的东西，被试则会用左手选出钥匙，这是因为大脑右半球主要负责空间知觉。也有一名女性被试在看见进入其大脑右半球的裸体男性图片时开始哈哈大笑，但因为负责语言的大脑左半球并未觉察到图片的出现，她无法回答自己笑的原因。一系列的实验证明，大脑两个半球在工作中是互相独立的。

然而，被试有时候会编造故事，试图理解自己的无意识加工结果。加扎尼加提过一个关于他的病人保罗的经典例子。左侧屏幕上呈现的是一幅雪景图，而右侧屏幕呈现的则是一只鸡爪。实验任务是选出他看到的那两幅图片。保罗用左手选择了一幅铲子的图片，用右手选了鸡爪的图片。当他注意到这其中的差异，并被问到做出选择的原因时，他回答道：“哦，这很简单。有鸡爪自然就有鸡，既然有了鸡，你就需要用铲子去清理它的粪便！”

加扎尼加提出，“裂脑人”的身上并不存在两个心智或两个自我。实际上，心智是大脑两个半球协同作用的心理过程的产物。语言具有提供叙述性输出的优势，因此左半球的解释器能够整合不同来源的信息。这些加工过程通常是在各个脑区的信息流里协同进行的，但对于“裂脑人”来说则是不可能的。当面临大脑左右半球信息不一致的情况时，为了协调差异，解释器只能选择妥协，进而编造一个看似有理的故事。

“裂脑人”研究告诉我们，自我幻象是多重加工的结果。一般而言，这些过程通过协同工作最终得到的是一个统一的自我。但在出现不一致时，极大程度上受语言影响的加工系统则需要重建一致感。也许最具说服力的例子之一来自加扎尼加[14]所讲述的一则关于马克·雷波特（Mark Rayport）的逸闻。雷波特是一位来自俄亥俄州的神经外科医生，在一次手术中，他无意中刺激了病人的嗅球，这是掌管嗅觉的脑区，结果病人报告闻到了各种不同的味道。当雷波特要求病人回忆快乐的经历时，他报告说闻到了玫瑰花的香味；而当被要求回忆痛苦的经历时，病人则闻到了臭鸡蛋的味道。这则故事说明，大脑的神经网络中存储着能编出连贯故事的连接。在许多方面，正常人也会像虚构症患者一样编造故事，以协调与自我感知不一致的信息。

巴纳姆效应：这就是在说你

心理学家丹·麦克亚当斯（Dan McAdams）提出，当需要理解自己的生活时，我们就创作出各种故事，以解释我们来自何处、在做什么、将去何方[15]。在这种叙事模式中，故事通常包含背景、奋斗、高潮与结局。例如，有些人将自己视为生活中不可控事件的受害者，他们在讲述时就会将自己描述得与这个角色定位相符；而另一些人在讲述同一件事时，则会将自己塑造成一个百折不挠的英雄，最终战胜了困难，胜利走到了今日。这些故事给我们的生活提供了意义，反映了文化与身边人对我们的影响。之所以称之为故事，是因为它并不是来源于事实，而是由一个演员人格来提供。对某些人来说，所谓的事实甚至完全是虚构，正如塔妮娅·黑德的例子。

在建构故事时，我们是以自我为中心的，这意味着我们只会注意到那些被认为是与我们相关的事物。在人的一生中，这些个人故事会被我们有意或无意地反复修改、更新，并在向他人讲述或回忆过去时重现。在不同的文化中，人们也在以神话的形式不断地循环着同一个故事[16]。《星球大战》的故事背景被设定在未来，但却拥有与《奥德赛》和《伊利亚特》一样的希腊神话式套路。我们喜欢关于旅行和战争的故事，故事中一定要包含好人与坏人的矛盾冲突。这个定理也适用于我们的个人故事。

自我叙事的问题在于，我们可以用各种形式歪曲事实，以达到我们追求的效果，这被称为“整体自尊”。在这种自尊中，我们会压抑、扭曲或忽略生活中与理想自我叙事不符的负面部分[17]。例如，我们更有可能记得与理想自我相符的信息，而忽略那些不一致的方面。如果我们相信自己拥有某种人格特质，我们就会选择性地讲述与其一致的事实。实际上，我们还能够轻易地将自己概括为符合这种特质的人。在这里可以举一个例子：以下叙述能准确地描述你的性格吗？

> 你渴望被喜爱、被崇拜，同时也有自我批判的倾向。你拥有很多未被开发的潜能，这些能力尚未以优点的形式发挥出来。虽然有一些性格缺陷，但大体而言，你都能有效地进行弥补。你外表严肃自律，内心却焦虑不安。有时候你会质疑自己是否做出了正确的决定或对的事情。你追求多变的生活，当被困在重重束缚中时，会对现状十分不满。你以独立思考的能力为傲，除非有充分证据表明对方是正确的，你不会轻易采纳他人的观点。你认为对别人过度坦率是一件不明智的事。你时而外向、友善、合群，时而内向、谨慎、缄默。你会有一些不切实际的想法，生命中最大的追求就是安全感。

这段话准确到吓人，是不是？1948年，心理学家贝特伦·福勒（Bertram Forer）对学生进行了一项人格测试，并根据结果给每个学生提供了一份测评分析[18]。事实上，学生们拿到的都是同一份分析。它的准确度得到了很高的评价，即使它其实是由福勒从各种星座书里搜集出来的。这些内容具有足够的概括性，因此适用于大多数人。福勒向世人揭示了这一现象，并巧妙地嘲弄说："我们身上总有一些东西是大众化的。"随后，它被命名为"巴纳姆效应"（Barnum Effect）。巴纳姆效应告诉我们，我们的个人故事也许并不如想象中的那样独特。当描述中包含了较多的正面特质、符合绝大多数人的内在偏向时，这种效应尤其强烈[19]。许多人都觉得自己比一般人幽默、聪明、漂亮、和善，但从统计学的角度出发，这显然是不可能的，总有一些人在这些方面低于平均值。

巴纳姆效应表明，我们都沉醉在独特自我的幻象之中，即使这种独特性其实并没有想象中高。仔细观察福勒在测评分析中使用的描述类型时你就会发现，大部分语句都与我们认定的别人对我们持有的看法，以及因实际上与我们比别人认为的更复杂而产生的社交焦虑和担心有关。由此可见，我们比想象中更在意别人的看法，对他人更加具有依赖性。

探索大五人格

虽然巴纳姆效应揭示了我们的许多信念和态度都与他人有惊人相似这一事实，但很显然，我们都还是一个个独特的个体。在描述不同的人时，我们会强调他们最显著的特点，并为此使用不同的描述方式。连刚出生的婴儿也不是毫无特点可言的。我们生来就具有不同的性格，随着成长中与周围环境的持续互动，又会受此影响形成不同模式的社会性依附。简而言之，我们相信人格这一概念的存在，这套在行为、思维、感觉等各方面都相对稳定的特征将我们定义为独特的个体。

以多年来的职业兴趣研究为基础，人格测试方兴未艾。最早的人格测试可以追溯到古希腊时期，著名的哲学家和科学家泰奥弗拉斯托斯（Theophrastus）（约公元前371年至约公元前287年）用了几个词语来描述雅典人的性格[20]。最近，心理学家则提出了“大五”人格模型，认为人格是由开放性（openness），指愿意尝试新鲜事物、富于想象的程度；尽责性（conscientiousness），指自律与克制的程度；外倾性（extraversion），指社交合群度；宜人性（agreeableness），指帮助他人的意愿；以及神经质（neuroticism），指不安全感与自我中心的焦虑的程度这5个独立的特质构成。5个特质的英文首字母合起来，简称为OCEAN[21]。大五人格问卷是使用最普遍的人格测验之一，常被用来预测人们的社会关系质量、生活满意度，以及工作的成功程度和满意度[22]。

大五人格测验受到的评价很高，人们可能会受此影响，认为人格心理学家已经否认了自我幻觉的存在，而每个人都共享着一个核心人格。

然而，为了追求稳定的测试手段，人格理论学家们忽略了在不同情境与社会角色下，大五人格问卷分数可能会产生的变化[23]。

例如，有研究者要求学生写出当前自己会扮演的5个典型的社会角色：大学生、兼职打工者、其他学生的朋友、父母的孩子以及恋人。随后，他们在大五人格测验中的表现出现了人格的连续性和不连续性。不连续性表现为个人测评分数随社会角色的变化而不同，但将得分放入小组来看，各人在每一个角色里最为显著的人格因素又是相当稳定的。在大五人格测验中，被试通常在扮演恋人角色时在“开放性”维度上获得最高的分数，在扮演兼职打工者角色时“尽责性”得分最高，扮演朋友角色时“外倾性”得分最高，扮演大学生角色时“宜人性”得分最低，而“神经质”得分最高。

由此可见，大五人格测验的测评结果对某一个体的某一社会角色来说是可靠的，但正如镜中自我概念所表明的那样，一旦转换了角色，结果就可能完全不同。换句话说，人们在生活中各方面的表现可能很不一样，那个在工作中吹毛求疵的同事也许在家就是个大懒虫，任凭屋子里乱得一团糟，也不收拾。环境对自我概念的影响已经被许多研究证实。

自我实验室

在一项经典研究中，普林斯顿神学院的学生被要求到一栋教学楼里，就“好撒玛利亚人”（Good Samaritan）① 进行一个布道演讲。为此他们需要横穿校园，并会在途中遇到一个倒在过道里的病人[24]。如果他们得知自己已经迟到了，只有约 10% 的学生会停下来帮助这个人；而如果被告知还有充裕的时间，助人比例会上升到 60% 左右。当看到那个病人的时候，那些学生在想什么呢？很显然，无论他们在想什么，都与布道的内容完全无关。他们要怎样应对这种言行不一致呢？

这个问题的答案很简单，我们会用认知失调重构整个事件，以维护自身行为的正当性。艾丽西亚·埃斯特维·黑德并不是“9·11”事件的受害者，但作为塔妮娅·黑德，她的所作所为其实对那些幸存者来说不无裨益：如果不是化身为塔妮娅，艾丽西亚是无法做到这些的。神学院的学生们都发现了那个病人，然而布道可以帮助更多的人，因此可以被认为是更加重要的使命。为了保护自我叙事的一致性，对事件进行重构无疑是非常容易的事。

① 意为好心人，见义勇为者。——译者注

为什么我们会让认知失调呢？以诚待己难道不比自欺欺人更好吗？首先需要指出的是，积极错觉，即认为自己比绝大多数人都优秀的错觉可能会提升主观幸福感[25]，因为它以低估缺点（“不止我，其实每个人都偷税漏税”）并高估优点（“我比大部分人都更具创造力”）的方式保护了我们的自尊。有了积极错觉，即使是在不能控制周边事态进程的时候，我们也会感觉到自己具有足够的掌控力。不知读者还记得吗，我在前文曾提到，这种错觉式的掌控感能够有效减轻焦虑[26]。积极错觉通常意味着，我们更容易认为好的结果是由自己的努力带来的，而坏的结果则由他人的过错导致[27]。这使得我们盲目乐观，但同时也更加坚韧不拔。

或许在进化与选择的过程中，这种坚韧让我们更具优势。生活在非洲东部的塞伦盖蒂草原上的猎人也许分为两种：一种人拥有积极错觉的思维方式，在狩猎受挫时会坚持追逐猎物；另一种人则常常过早放弃，他们经常一无所获，难以得到女性青睐，所以也难以找到伴侣繁衍后代。这当然只是我的推测，不过这种差异是确实存在的：

> **相信自己会成功，你总会在某些时候取得成就；而如果认为自己终会失败，坏事则总会不可避免地来临。**

听妈妈讲那过去的事情

在描述过去时，我们通常会涉及自我认识和成长经历。这个过程看起来非常客观准确，所以我们从未质疑过其内容的真实性。但实际上，文化在我们认识世界的方式上起了很大作用。事实证明，分别代表东西方典型思维方式的集体主义和个人主义也在影响着我们的自传体记忆。

康奈尔大学的发展心理学家王琪指出，东西方人的童年记忆有显著的差异[28]。这个研究发现了自我中心的西式思维，如“我记得那一次我考了全班第一”，使人们更注重对即时个人事件的详细编码。因此，比起东方儿童，西方儿童能回忆出更多的细节[29]。而在东方儿童中，那些能记起更多细节的被试也在与个人主义有关的题目中得分更高，即更具有个人主义倾向。这个研究由此证明，决定自传体记忆模式的不是文化或者语言，而是人们认识世界的方式[30]。

父母给孩子讲述往事的行为也会影响儿童的记忆。之前已经提到，如果父母在孩子两三岁时就开始这样做，那么孩子的记事时间就会大大提前。这说明成人提供的认知框架能帮助儿童理解过去的经历，并且更好地形成记忆[31]。同时也有研究显示，东西方家长的讲述方式存在差异，前者呈现出鲜明的集体主义特征，而后者则更趋于个人化[32]。

更令人惊奇的是，如果利用启动效应诱导东方被试用个人主义的方式思考，他们就会回忆起更多的个人事件；相应地，对西方被试来说，若思维方式变得集体化了，他们的记忆也会更多地与集体有关。也就是说，这一部分记忆仍是可得的，只是很少被提取出来。记忆加工具有选择性，因此自我认知的环境甚至能决定我们提取记忆乃至描述内在自我的方式。就像英国著名心理学家弗雷德里克·巴特莱特爵士所说：“社会组织给人们提供了一个持续作用的认知框架，所有的记忆都必须与其相符，记忆的方式和内容也都深受其影响[33]。”被用来建构个人故事的记忆自然也在受影响之列。

神游症与多重人格

对于一部分人来说，他们的个人故事是令人难以接受的，因为情况过于恶劣，所以难以面对，他们因此试图创造出一个新的自我，或者至少丢掉已有的那一个。吉恩·桑德斯（Gene Saunders）就是其中一个典型的例子。他有一个问题重重的家庭，还曾与18岁的儿子有过激烈的争执，儿子甚至称他为失败者。在这种情况下，吉恩收拾行李，出走至300公里外的另一个城镇。在那里，他成了一个名叫伯特（Burt）的快餐厨师，吉恩·桑德斯的过往记忆已经消失得一干二净。这种记忆丧失被称作分离性神游症（Dissociative Fugue），“fugue”一词来自拉丁语，意为“逃离”。

神游症常见于成年早期，50岁以上的患者则较为罕见。症状的开始和结束通常都是非常突然的，这种病被认为是一种应对压力的方式。发病期间，患者会丧失自我知觉。如在2006年，杰弗里·艾伦·英格拉姆（Jeffrey Alan Ingram）就闯入丹佛市的一个电视新闻会议，试图解开自己的身份之谜。他只记得自己中间名的昵称。他求助于电视机前的观众，对他们说道：“如果有人认识我或是知道我是谁，请说出来。”原来，杰弗里原本住在离丹佛市有千里之遥的华盛顿州的奥林匹亚市（Olympia），这次出门是要去吊唁一个因患癌症而去世的朋友，但在他到达丹佛市之后，分离性神游症开始发作。他的未婚妻的哥哥碰巧看到了这个新闻，并将他认了出来。而杰弗里的母亲则解释道，这并不是他第一次发病，早在1995年的时候，他就在去杂货店的路上开始了神游，9个月之后才重新露面。到了那个时候，他依然不知道自己是谁。

分离性神游症只是分离性障碍中的一种，此外还有分离性身份识别障碍（Dissociative Identity Disorder）。分离性身份识别障碍过去曾被称为多重人格障碍（Multiple Personality Disorder），即患者身上存在多重人格。第一部相关的流行小说是罗伯特·路易斯·史蒂文森（Robert Louis Stevenson）在1886年出版的《化身博士》（*The Strange Case of Dr Jekyll and Mr Hyde*），自此之后，分离性身份识别障碍就成了近现代文明中一个经久不衰的话题。最近也有一个著名的例子，即于 1999 年上映的电影《搏击俱乐部》（*Fight Club*）。影片中，爱德华·诺顿（Edward Norton）饰演的主人公拥有双重人格，他的另一个自我是由布拉德·皮特（Brad Pitt）饰演的一个名叫泰勒·德登（Tyler Durden）的男人。正如《化身博士》中的杰克尔（Jekyll）博士和海德（Hyde）先生一样，我们看见邪恶的泰勒·德登将正直的主人公一步一步拖入犯罪的深渊，直到最后，主人公才发现，德登其实是他的第二重人格。

人性有善亦有恶，这句话已经成了一条至理名言，但很少有人将善恶推广到多重人格上。而对于分离性身份识别障碍患者来说，这却是事实，这甚至已经作为一种辩方辩护词被用于刑事诉讼中。第一个案例出现在 1978 年，有人通过匿名电话举报，23 岁的比利·米利根（Billy Milligan）因涉嫌强奸 4 名俄亥俄州立大学的女学生而被捕。乍一看，米利根是一个典型的小混混：他有一个糟糕的童年，长期受到继父的虐待，并常常闯祸。然而，司法鉴定的结果却表明，他是一个分离性身份识别障碍患者，拥有至少 10 重人格，其中有两个是女性人格。事实上，正是其中的一个，即 19 岁的女同性恋者阿德丽娜，声称对这数起强奸案负责。米利根所拥有的另一重人格是一个因长期受虐而胆小怯懦的 9 岁孩子大卫，这个儿童身份正是那个匿名举报者。根据《时代周刊》的报道，侦查员在米利根家的电话旁边发现了一个便笺本，上面写着警察局的电话号码[34]。米利根最终被判在精神病院中监禁 10 年，并于 1988 年刑满释放。

另一个涉及分离性身份识别障碍的著名案例是“山坡扼杀者”（The Hillside Strangler）案。嫌疑人肯·比安奇（Ken Bianchi）声称，史蒂文·沃克（Steven Walker），即自己的另一重人格才是真正的凶手。但一位精神病学家对此充满怀疑，指出分离性身份识别障碍患者通常拥有至少两个子人格，比安奇的抗辩由此失败。在接下来的催眠治疗中，比安奇又显现出了一个名叫比利的子人格。当警察对此案进行深入调查时，他们发现史蒂文·沃克其实是一个与此案无关的心理系学生，比安奇试图冒充他的身份并制造一个骗局。最后，比安奇被判处终身监禁，现如今正在狱中服刑。

分离性身份识别障碍虽然已经被写入权威的精神疾病诊断手册，但依然饱受争议。最早的病例见于 19 世纪，与精神分析运动紧密相连，此后少有相关消息。直到 1957 年，一部讲述一名分离性身份识别障碍女患者的故事的著名电影《三面夏娃》（*The Three Faces of Eve*）上映后，这一局面才有所改变。1976 年，又有一部相似的电影《心魔劫》（*Sybil*）上映。在 20 世纪 70 年代以前，分离性身份识别障碍的病例很少，但以此为转折点，发病率开始激增。这使得许多人提出质疑：分离性身份识别障碍究竟是一种真实的精神病，还是一种颇为流行的伪装？此外，这种病症多发于北美洲，在其他地区则十分罕见。对北美患者进行诊断的是同一批医生，这也加深了人们对其来源的怀疑。

正如催眠和斯坦福监狱实验中的学生狱卒一样，分离性身份识别障碍被认为是一种角色扮演的极端案例。在这种角色扮演中，患者对分离性状态的信念受到社会的推动和权威专家，即精神科医生的支持。这并不意味着患者是在蓄意捏造病症。相关研究证明了这一点，这些研究发现患者的不同人格会激活不同的大脑脑区。例如，脑成像研究结果显示，当患者处于不同的人格状态中时，大脑活动的模式也有所区别[35]。对于其中一个病人来说，当他从一个人格转换到另一个人格时，有关记忆的脑区似乎停止工作了，仿佛人格的转换引发了另一套记忆的解码。

但如果考虑到这一事实，相关脑成像研究的可信度就会大打折扣：只要改变思维的内容，大脑活动的模式就会产生变化。例如，如果我想象某一次难过或愤怒的经历，我的大脑活动就会变化。不过，引人注目的是，在最近的一个病例中，脑科学为分离性身份识别障碍的真实性提供了坚实的证据。

自我实验室

> 一个德国患者曾失明了 15 年，而后又通过心理治疗逐渐重拾光明[36]。最初，只有一部分人格复明了，剩下的则仍未恢复。相关脑电测量记录表明，这并不是患者伪装出来的。被监测的是她的视觉皮层，即大脑中对感觉信息进行初级加工的区域之一。当患者处于复明人格中时，视觉皮层的电活动是正常的；而当她处于失明人格中时，这一区域便停止了工作。也就是说，她大脑中掌管人格切换的区域同时也在以某种方式控制着视觉区的工作。这一发现简直令人大跌眼镜。

相信自己看不见是一回事，关闭加工感觉信息的初级脑区则又是另一回事，它实在令人震撼。简言之，大脑中对自我、人格等复杂概念进行操纵的高级连接网络能够用某种方式对初级的早期信息加工过程进行管理。

大人物是怎样堕落的

如果我们没有脑损伤，也不曾罹患分离性身份识别障碍，我们能从多大程度上感受到一个不同的自我？在这个整体西化的世界上，有的人似乎过着复杂的多面生活，戴着各色人格面具穿行于各种公共和私人场合；而另一些人的生活则相对简单，比如乡村里那些过着自给自足生活的农民们。我们呈现给世人的自我一定是所生活的社交圈子的倒影。有时候，当我们发现熟悉的人还有陌生的另一面，这些圈子就会互相冲突，如不忠的伴侣、虐待孩子的保姆，还有贪污腐败的政客。这些都是常见的存在于他人身上的自我冲突。公众人物似乎常常做出一些有悖常理的事，从而陷入丑闻。那么，我们是否能用自我幻觉的相关理论来解释这些冲突呢?

第一个需要提出的问题是：人们为什么要将他们的公共形象置于危险之中？例如，为什么看上去品行正直的社会成员常常会卷入性丑闻中？为什么英国前检察总长艾伦·格林（Allan Green）爵士明知道很有可能被发现，还是要去伦敦的国王十字车站，参与附近一个臭名昭著的妓女游行活动？与此类似，没有人能明白为什么身为好莱坞的大众情人的休·格兰特（Hugh Grant）会在日落大道上公然召妓，全然不顾此地正是风化纠察队经常出没的红灯区。他一定知道自己的行为是充满风险的，但也许这才是关键。若被发现便会有所失去，这种情境下的冒险或许会带来一种紧张刺激的快感。但当事后被要求对这些行为进行解释时，许多人都会感到不知所措，找不出合适的理由，只能说自己在那时突然举止失常。

这类行为还有另一个有趣的方面，就是性行为中的角色扮演。在性行为中，人们呈现出的自我可能与日常生活中的形象大相径庭。

显而易见的是，让人们谈论自己的性行为是一件难事，不过幸亏还有人敢于问出一些令人羞于启齿的问题。一位名叫凯瑟琳·默里斯（Katherine Morris）的美国心理学家采访了460位定期参与异类性行为的异性恋男性。他们中的大部分都是高知阶层的从业者，包括不少企业高管，甚至还有几位首席执行官。此外，受访者还有精神科医生、律师、工程师、科学家，以及一些来自其他高压高知行业的人[37]。

默里斯发现了一个规律：在异类性行为期间，受访者都会体验到在日常生活中无法表达的情绪，这就像是他们在公众生活里丢失了一些东西，为了整体的满足感，必须将其找回。为此，他们必须在私下重新整合那些丢失的部分，并将其作为性仪式的一部分。默里斯指出，许多身为企业高管的受访者都认为自己是个骗子，并这样阐述自己的观点："人们会寻找公众和私人生活的平衡点。"

寻求满足感并不是人们参与性活动的角色扮演的唯一原因。异类性行为同时也能让人们暂时丢掉已有的身份，以扮演另一个人的方式获得性满足[38]。比起我们在公众生活中的行为，性活动通常都是私密的。这意味着我们能在卧室里做一个不同于通常情况下的自己的人，就如同我们的大众形象只是一层挡住真实自我的假面具。关起门来，那个大众眼中羞涩矜持的壁花小姐竟然变成了色情女王。当然，我们都需要在公共场合控制自己的性冲动，这是我们很早就知道的道理。那些不能做到的人或被视作性变态者，或被视作精神病患者。

科技也许给我们指出了一条出路。有一个地方，我们能够释放这些幻想和冲动，而不必担心会被发现，这就是互联网。下一章将会讲述互联网正在如何改变我们人际交往和分享过往经历的方式，并最终在我们建构的自我幻象中扮演重要的角色。因为互联网赋予了每个人参与接受、生成和发送信息等一系列过程的能力，网上的故事讲述被分成了两个不同的方向。如果我们的镜中自我正是身边人的倒影，那么，在新媒体改变、增加、限定那些我们能联系的人的过程中，我们的自我幻象也一定会不可避免地受到牵连。

The Self Illusion

第8章

被困在网中：

我是未知世界里的我

一切都开始于那个在人群中尖叫起来的男人。他为什么要这样大喊大叫？是不是听见有人在说“有炸弹”？没有人知道答案，也没有人能留下来弄清楚。数秒之内，人们已经蜂拥而逃，一起严重的踩踏事件由此发生在 2010 年 5 月的阿姆斯特丹的二战纪念仪式上。一个目击者事后回忆道：

> 在默哀结束之后，离我不远的地方突然响起了一声极高的尖叫。无数的人立刻开始四散奔逃，试图让自己尽量远离那个声音。这情景实在太可怕了[1]。

这是一次典型的踩踏事件。踩踏事件是一种发生于群居动物中的普遍现象，通常始于小部分成员的突然骚动，而以整个群体的共同响应告终。这就是从众心理，又称蜂群思维。当人群中的某个人突然开始奔跑，我们就会本能地跟随他移动。同样，我们也会不自觉地模仿他人的言行举止。这种行为是很有意义的。同猫鼬一样，面对危机，我们能从群体智慧和追随他人中获益。因为我们是凭本能对他人做出响应，所以个体的一个简单的动作可能会迅速传开，并升级为群体行为。但是，当一大群人集中在有限空间内，并且需要躲避的潜在危机远远比不上人群大规模乱窜的危险时，问题就发生了。在那次阿姆斯特丹踩踏事件中，有 60 余人受伤，但他们其实已经足够幸运了：据统计，每年都有上百人死于踩踏事件。

抱团是我们的天性。为了满足内心深处的归属需求，许多人都在试图找寻一个可以栖身的集体。为此，我们总是与志趣相投的人在一起，在集体中证明自身的真实存在，这就是为什么踩踏事件多发于节日和体育赛事。有时候，有的人会认为自己在抱团的过程中迷失了自我。但无论我们在集体中获得了归属感还是失落感，一旦加入了一个群体，最终，我们的自我都会受到集体成员所共有的特征的影响。

个人和群体之间的关系是社交网络（social networking）这一研究领域所关注的重点。科学家们试图探索群体形成、运转、变化，以及对个人形成影响的方式，所以以此入手来弄清其基本特征。最具戏剧性的研究案例当属在文明社会中定期爆发的暴动了。2011 年，一起伦敦警察枪击黑人案在该市引发了大规模打砸抢烧事件。此外，虽然枪击案发生在伦敦，但许多其他的英国城市都爆发了类似的骚乱。对此，评论员们很快就“找到”了犯罪根源：社会阶层、教育背景、少数民族、父母教养方式不良、失业、游手好闲……然而，当开始翻看被捕者的档案后，他们很快发现，嫌疑人并不是同一类人，而是有着不同的背景、年龄和前途。在他们之中，许多都是出身贫寒、心怀激愤的年轻人，但也包括一位牛津大学的法律系毕业生、一位小学教师、一位有机餐馆的主厨、牧师的子女们，以及其他一些与犯罪毫无关联的人。当局试图对他们进行分类，以筛选出典型的暴动者，这表明英国政府其实并不明白，一个团结的集体是由彼此相异的人组成的。

骚乱的导火索并非只有司法不公。就在同一年，国家冰球联盟（National Hockey League）[①] 斯坦利杯（The Stanley Cup）[②] 的比赛结果在温哥华引发了一

① 一个由北美冰球队伍所组成的职业运动联盟，球队成员来自美国和加拿大。——译者注

② 为国家冰球联盟的最高奖项，在每个赛季季后赛结束后颁给冠军队伍。——译者注

场暴动。在决赛中，来自加拿大的温哥华法裔加拿大人队（Canucks）不敌来自美国的波士顿棕熊队（Boston Bruins），由此，一系列的骚乱和抢劫事件在败北者的家乡爆发。听说这事之后，我不禁感叹：加拿大人还真是重视冰球啊！

哈佛大学的社会学家尼古拉斯·克里斯塔基斯（Nicholas Christakis）说到，当我们从社交网络的角度鸟瞰人类时，我们所看到的个人和群体的形象会与平时有所不同[2]**。**

他用石墨和金刚石打了一个比方。这两种物质都是由碳原子构成的，之所以物理性质如此迥异，是因为碳原子的排列方式不同。在石墨晶体中，碳原子的六边形层状结构意味着它有纵面不稳的特性；而构成金刚石的碳原子的空间结构十分稳定，每一个碳原子都与另外 4 个原子构成正四面体，这就意味着金刚石的硬度能够媲美——不，因为金刚石是自然界最坚硬的物质，我们已经找不出什么物质的硬度能与它进行类比了。因此，对金刚石来说，整体是大于部分之和的。类似地，只有从某人所属的群体入手，我们才能真正看清他的自我。将石墨与金刚石的比喻延伸至此，当我们团结一致时，群体的安全与牢固程度随人数增长，整体适应性也因此更高；而当我们孤身一人时，我们就会变得更加脆弱渺小。

选择想要加入的群体并非随机事件。每个人身上都存在一些个人特质，正是这些与他人不同的独特性质决定了我们会加入哪些群体。我们总是倾向于与那些在文化背景、地理位置、物理特征和志趣观点上同我们相似的人结交往来，并且，同这样的人建立关系也是相对容易的[3]。例如，肥胖的人更可能与肥胖者以及他们的朋友建立友谊[4]。如果朋友中的一方体重超重，那么另一方同样超重的概率就会比随机水平高出 45%。如果你的朋友认识一个超重的人，你的超重概率则会比随机水平高 25%。这就是物以类聚，在研究中被称为“同质相吸原则”。只有当这个超重的人是你的“三代以外旁系”友人①的时候，你的超重概率才不会高于随机水平。

同质相吸原则的影响因素包括共同的外部环境特征或兴趣爱好，如国籍、对团队的效忠或是对音乐的爱好等。不管是拥有英国国籍，支持曼联还是喜欢多莉·帕顿（Dolly Parton），这些都与基因无关。但令人惊奇的是，近期的研究揭示出了遗传因素在社会集群的同质相吸原则中的作用。一直以来我们都知道，外表出众的人的朋友也很可能同样拥有美貌，他们的容貌自然是受基因影响的，而最近，克里斯塔基斯与他的同事通过一项研究表明，与行为特征有关的基因也同样影响着择友[5]。例如，DRD2 是一种与酗酒行为有关的基因，携带这种基因的人在交友中体现出明显的同质相吸原则；而与大五人格中的开放性有关的 CYP2A6 基因则会产生相反的异性相吸效应，即携带者倾向于和有不同志趣的人建立友谊。目前，有关社交网络中的遗传因素的研究方才起步，基因的具体作用机制尚不明确，但这一研究方向告诉我们，我们必须要重新考察生理机能对行为的影响程度了。

科技王国里的新进化论

科技正在改变我们的交流方式，而这又会影响到我们的社会行为。确切地说，社交网络可能会对人类的发展方式产生重大影响。大脑的群体互动机制自进化早期就已经历重重锤炼选择，然而到了现在，大脑却常常需要在即时通信的陌生环境中运作，与身在远方的陌生人进行交流。随着我们坐在新兴的终

---

① 即这个人至少是你的“朋友的朋友的朋友的朋友”。——译者注

端机屏幕前的时间的增长，由自然选择精调而出的面对面互动的能力正在迅速消退。在新的沟通方式中，我们已经无法辨别声音语调与微表情[6]中的细微差异。我们或许需要适应人际互动的物质性的消失，但因为群体的作用发生了变化，最终被改变的还是我们整合自我知觉的方式。即使这一结果不会发生，考虑到这些新兴科技拥有的改变人类生活的巨大力量，我们还是需要对其抱有谨慎态度。

人类已经能够影响自身的未来。凭借着交流沟通与组成社会的能力，我们将知识一代一代地传递下去，并在传递过程中发明了诸如文字之类的辅助工具。随着科技时代的到来，现代社会中的大多数人都被从生存危机中解放出来了。在遥远的过去，进化过程倾向于淘汰弱者，自然选择使得老人、病人和不孕不育者一定会在繁衍竞争中落败。而这一切现在被技术革新改变了，文明使得人们翻身做主，取得了其中的控制权。现代医学已经具备治疗不孕不育与医疗保健的技术，由此改变了竞争的目标，弥补了弱者的劣势。当然，自然选择始终存在，但我们能用科技消减严苛的筛选带来的危害。

人类发展正在越来越快地从自然选择转变为拉马克式遗传（Lamarckian Inheritance）。

这一理论以法国生物学家让–巴蒂斯特·拉马克（Jean-Baptiste Lamarck）命名，认为人类能够改变自身机能，即“用进废退说”，并能通过改变环境的方式把后天锻炼的成果传递给下一代，即“获得性遗传”。没有人知道我们将会以怎样的方式继续进化，但科技改写进化规则的能力似乎是无限的。同样，网络通信技术及其发展也会以未知的方式对人类的未来造成永久性的改变。而有一件事无疑是成立的：我们在线上作为虚拟群体成员的时间越长，网络对我们的自我知觉的影响就会越大。

我还记得网络刚出现的时候的情景。那是 1994 年的秋天，我方才以访问学者的身份抵达麻省理工学院（MIT）的大脑与认知科学系。当我在计算机室中查收邮件时，两个才华横溢的年轻科学家，祖宾·加拉马尼（Zoubin Ghahramani）和丹尼尔·沃尔珀特（Daniel Wolpert）正在为一件事激动不已：世界上最早的浏览器之一网景浏览器（Netscape）将一些图片文件发送到了丹尼尔的电脑终端。那时，因特网已经存在了几十年了，学术界与军方内部人员能通过它进行邮件往来，但超文本标记语言（HTML）的问世打破了只能共享文本的技术局限。这就是我第一次体验到网络的存在。过去，人们能直接与你传输文件，而现在，任何人都能用正确的地址访问一个远程网站，并浏览网站中的材料。这就像是在电子景观中建起了永久性建筑，即使在建造者离开之后，其他人也能前来参观；也像是在一面电子墙上留下了永久的虚拟印记，供后人寻找。作为科学家，我们都在那天下午意识到了能分享远程信息的重要性，但我怀疑，其实当时没有人明白它的潜在影响力。

随后，网络迅速兴起，并将其影响力渗透进每个人的生活，这对于那些记得前网络时代的人来说是难以置信的。但我的女儿们却并未意识到这一点，因为她们成长于现如今这个形势迅速变化的时代，并认为网络是一直存在的。我告诉她们，她们生活在人类文明的一个重要转型期，人类正处在下一个革命性的飞跃当中。这类言辞或许有些耸人听闻，像是一些希望回到过去的简单生活的人所进行的怀旧，甚至像是一个对变革感到痛心疾首的中年父亲发出的牢骚，“在我们那个年代，一切都是不一样的”。的确，或许每一代人都会说出这样的话，但我怎样高估这个转型期的重要性也不为过。我认为，我们中的绝大多数都在不知不觉中进入了一个神秘的未知世界。当然，我们并不需要为此感到害怕，因为这是人类历史中最精彩的时代之一。

谁没有在网上搜索过自己

你是否曾在网络上搜索过自己，将自己的名字输入搜索引擎，看看有关你的信息是否出现？来吧，告诉我实话。毕竟几乎没有人不好奇别人是怎样评价自己的。如果要搜索自己的相关信息，有什么能比网络更方便呢？在集体照中寻找自己的形象，或者在一个拥挤的鸡尾酒派对里听见有人提到自己的名字，再凝神倾听与自己相关的对话内容……网络就是这类情境的电子版本。它的到来使得顾虑他人看法成了人类本性。无论利弊喜恶，工业国家中的人们都已经与网络绑在了一起。

许多人喜欢上网并进行社交活动。诸如 MySpace、Facebook 和 Bebo 一类的社交网站已经吸引了上百万的使用者，许多人甚至已经将它们融入了自己的日常生活。目前，最具实力的当属拥有超过 7.5 亿活跃用户的 Facebook。这些社交网站有一些共同的核心特征：第一，它们让用户能在网站上建立起公开或半公开的个人主页；第二，用户能浏览其他同网站用户的主页；第三，也就是最重要的一点，用户之间能通过电子信息或其他共享文件的途径进行交流。这就像是一个全天候的虚拟鸡尾酒派对，你能与朋友共度时光，还能遇见陌生人，并与他们互相讲述故事、交换观点、分享笑话、翻看家庭相册、调情，有时甚至能进行得更加深入。你还可以签名请愿、开创事业。正如新媒体专家珍妮·桑顿（Jenny Sundén）概括的那样，社交网站让用户能“虚拟出一个真实的自我”[7]。

不足为奇的是，一项对社交网站上的个人账号的分析显示，用户的自恋，即对自己和他人对自己的看法感兴趣的倾向程度很高[8]。毕竟，谁不想让别人知道我们的生活有多么成功呢？不过，这种网络自恋程度也是因人而异的。并不是每个人都喜欢上网。例如，我的妻子就拒绝加入各种社交网站，也不喜欢出现在公共场合。和我妻子一样，许多前网络时代的人都不了解科技的进程，认为把宝贵的时间、精力和隐私浪费在网络社区中是毫无必要的。他们从不使用 YouTube 或 Facebook，最适合发布琐碎动态的 Twitter 自然也在其列。但是，就算最顽固的守旧者也在挣扎和抗拒中被强行带入了一个新时代。最近 10 年才迅速涌现的社交网络正在改变人与人之间的交流方式，并会在自我同一性中起重要作用。如果自我幻象是正确的，那么社交网络的流行度还会持续上升，并会越来越大地影响到下一代甚至下下一代的自我认识。只要我们还是社会性动物，社交网络都会以各种形式存在。

这是因为我们都想被别人关注。一直以来都有调查显示，西方国家已然接纳了名人文化。当 3 000 多名英国家长被问及他们那些 10 岁左右的孩子长大以后想做什么时，1/3 的人告诉调查者，他们的孩子想做运动员、演员或者明星。不妨做个对比，25 年前的答案版本是老师、银行家和医生[9]。现在的孩子们为了功成名就而想成为名人，因为他们将名利直接等同于成功。一项对英国教师与讲师协会（UK Association of Teachers and Lecturers）的调查发现，比起成为学术天才，大多数学生更愿意做名人[10]。网络提供了一个易接收、可更新的平台，让用户能够自由追星或自行炒作造势，以此推动人们对名利与声望的追逐。名利角斗场的门槛已被摧毁，任何人都能在网络上找到追随者，为他人所瞩目。

对大多数人来说，网络首先是一个社交平台。根据专门分析消费者行为的尼尔森公司（Neilson Company）的调查数据，人们把大部分的上网时间都用在了社交网站上，并且使用时长还在连年递增[11]。截至 2011 年 8 月，单是在 Facebook 上，我们每个月就会花费超过 7 000 亿分钟。1/5 的美国成人拥有一个博客，超过半数的美国人拥有至少一个社交网站的账号。即使在上班时，我们也在使用社交网站：美国人平均每个月将 5.5 个小时的上班时间用于社交网站[12]。

社交网站在年轻人中的流行度甚至更高。现在，如果你在西方国家长大，年龄在 16 岁到 24 岁之间，那么上网对你来说就是必不可少的。与更年长的人相比，这个年龄段的人将大半的上网时间用在社交网站上。

许多西方国家的青少年都认为，除非保持在线，否则他们就会感觉不到自己的存在。

上网已经取代了操场活动或商场购物等休闲方式[13]。此外，网络还打破了社交的时空限制。我们过去会让孩子放下电话筒，而到了现在，他们已经有了自己的手机，能够随时上网聊天。英国通讯办公室（Ofcom）的最新数据表明，在英国青少年中，一半的人拥有一部智能手机，而成人的占有比例则是 1/5[14]。手机的最大用途不是打电话，而是访问社交网站。2/3 的青少年使用智能手机进行社交，1/3 的人在吃饭的时候仍然使用手机，还有近半数人甚至在浴室与厕所里浏览社交网站。难怪有 60% 的青少年用户认为，自己已经对智能手机成瘾了。哪怕学校放学、商场打烊，或是移居他地，他们都不曾停下来过。

若是效应存在的话，在线活动会怎样影响青少年的发展呢？儿童的社会化进程始于婴儿时期。在此期间，父母将全部注意力都放在他们身上。而进入幼儿园之后，他们逐渐脱离父母的庇佑，在操场上和课堂中与同龄人竞争。因此，儿童在发展早期将父母视作行为榜样，在童年期和青春期却会试图疏远家人，让自己能在同伴间建立起一个独立的身份。作为一位父亲，我必须承认，同伴的想法远比父母的期望更有影响力。这或许不是一件坏事。虽然不是心理咨询师，但我认为，若父母不允许孩子在同伴中建立新身份，这种强势专横的养育方式必然会在遥远的未来导致许多问题的产生。这些都是在西方国家的青少年身上普遍存在的问题。在这段自我建构的混乱期，他们满怀希望地以新面貌进入成年早期，内心充满了直面世界的信心。

正如每一个西方国家的家长所了解的那样，青春期是一段充斥着叛逆、逞强、炫耀、冒险、越界、争吵、泪水、战略性效忠与马基雅维利式谈判的时期。一些人认为祸因是大脑尚未发育成熟，这一观点让“青春期大脑”的假说广为流传。该假说认为，大脑前额叶是最晚发育成熟的神经结构之一，在青春期，这部分脑区对行为的抑制性控制功能尚未发展完备，该功能的缺失不可避免地导致了青少年的任性行为。青少年对社会评价高度敏感，但这就能解释他们冒险行为的增多吗？心理学家罗伯特·爱泼斯坦（Robert Epstein）认为，青春期大脑对青少年犯罪的影响其实是子虚乌有，青少年犯罪与文化及教养方式更相关[15]。青少年品行不端现象在前工业化国家中并不存在，而是现代社会与媒体刻板印象的产物。爱泼斯坦还详细描述到，在西式媒体与教育制度到来之前，加拿大的因纽特人中并不存在青春期叛逆的问题。对于他来说，与我们在西方国家的青少年身上看到的问题更相关的，是外界孤立，这迫使他们建立起自己的社会群体与等级制度。通过归属、竞争与建立自尊，关于名望的尊卑顺序产生了。在这种情况下，青少年就会认为，为了在同伴中获得名望，他们必须要与外部世界决裂。

还有人则认为，青少年的冒险行为是的确存在的。虽然可能在一定程度上受到文化的影响，但在对风险的理性判断上，青少年的表现与成人无异。他们进行冒险并非冲动所致，目的实则是要证明自己。发展心理学家劳伦斯·斯滕伯格（Lawrence Steinberg）通过实验证明，在单独作业的情景中，青少年的虚拟驾驶任务成绩与成人不存在显著差异，但当有朋友看着他们完成任务时，青少年则会表现出更多的冒险行为[16]。在这种情况下，青少年的超速与闯红灯行为增加了 50%，而成人则没有显著增加。一种神经学的解释是，在青春期阶段，大脑的奖励中枢高度活跃。当青少年在朋友面前获胜时，奖励中枢的高度活跃带来了更多的快感，让胜利的滋味变得更为美妙，冒险因此也就有了价值。仅仅成功是不够的，此时还需要观众。

在西方，青少年面临着这样一种困境：一方面，他们想要为同伴所接受；另一方面，他们又需要让自己变得与众不同。因为能够彰显独特，音乐、时尚、电影以及性都是他们最为关注的话题。同时，它们都是社交网络中与“喜欢”和“不喜欢”相关的热点，这并非巧合。你每次发布状态的时候，都是在邀请你的同伴对此做出回应。你的动态并不是供私人查看的，而是在向世人昭示你的存在。“你很重要。”相关评论与造成的影响都在这样告诉你和别人，并且比起自己，他人是更重要的告知对象。我们都想要得到别人的注意，而这种追求就是社交网络的核心。

我们为什么对社交媒体上瘾

今年的早些时候，著名的英国演员海伦·米伦（Helen Mirren）女爵士开始关注我。当我发现她关注了我的 Twitter 账号时，我并不在这位奥斯卡奖获得者最常去的伦敦和洛杉矶，而是坐在我位于萨默塞特（Somerset）的家中的餐桌边上，正利用闲暇时间浏览我的 Twitter。那一刻，看见我被账号 @HelenMirrenDBE 关注[①]，我的心漏跳了一拍。

在社交媒体网站，你能发布个人想法。这就像是面向整个世界发送开源文本，任何关注你的账号的人都能阅读你的状态、照片以及推送的网站。目前，我在推特网有约 8 000 名关注者，这比我在生活中认识的人的总数都多，但如果你让我坐下来说出他们的名字，我甚至连上百个都说不出来。不过，在社交媒体的金字塔中，这个听起来十分可观的数字其实微不足道，许多你从不曾想过

① “关注”对应的英文词语是 follow，该词具有两种意思，一是关注社交网络账号，二是跟踪，作者在这一段用了双关语。——译者注

会引来追捧的账户都拥有大量拥趸。世界顶级职业自行车手兰斯·阿姆斯特朗（Lance Armstrong）和演员布伦特·斯皮内（Brent Spiner）的关注者数量都有远超百万之多。布伦特·斯皮内是谁呢？正是那位在《星际迷航》（*Star Trek*）中饰演生化人“数据”（Data）的演员。毕竟社交媒体上可是有很多“星际”迷！

究竟是什么让社交媒体如此具有吸引力？我们为什么关注别人，又为什么想要获得别人的关注？这也许可以归结到几个与自我有关的问题上。第一，人类大脑十分爱好八卦：我们都爱管闲事，想知道别人的一切动向，甚至包括他们当天的早餐内容。

第二，我们希望自己的观点得到别人的支持。当有人对我们的观点做出积极回应或是将其与他人分享时，我们就会感觉到这证明了自己的正确性。当然，若是招致了反驳或嘲笑，我们的自尊就会受到打击。拥有关注或不关注他人的选择权，意味着社交网站的用户可以自由关注那些与自己有相同的态度与价值观的人。

第三，我们还希望自己是第一个知道某个消息并将其广而告之的人。这是我们在童年时常做的事，你还记得抢在别人前面把消息散布到操场上是多么重要吗？如果你是最后一个得知此事的人，这显然反映出你在信息的啄食顺序中的地位不高。因此，捷足先登让我们增强了自己在群体中的重要性。此外，社交媒体的吸引人之处还在于，如果你有大量的朋友或关注者，你就会觉得自己十分重要。你的自我价值感得到了验证，并且自我重视程度还会随着朋友和关注者数目的增长而加强。

第四，社交媒体广受欢迎的另一个原因是，名人十分愿意用它来发布自己的日常想法和最新动态。在过去，这些对于普通大众来说都遥不可及，而突然有一天，我们却能以意想不到的方式走进名人的生活。一方面，公众一直以来对名人逸事的兴趣都是无止境的。早已有一整条花边新闻产业链顺应这种恶趣味而生，提供八卦以满足大众胃口，但社交媒体较之却更胜一筹，因为它发布的消息来源正是名人自己。另一方面，名人也需要拥有关注者，毕竟若是没有粉丝，他们就会淡出公共视野，而失去关注常常也意味着失业。因此，大部分名人都已经有了自己的账号。事实上，他们发布的信息很多都是由职业写手撰写的，以保证表面上的亲和力与清晰性。

被海伦·米伦关注，这样的事无疑是提升自尊的一大助力。每当地位更高的人向我们示好，我们就能借助这种联系提高自己的身份。这也就是常说的“沾光”。当别人获得成功时，许多人都会感到与有荣焉。粉丝之所以对支持的明星或团队抱有如此高的热情，其原因便大致在此。最典型的例子就是体育爱好者，我就曾在酒吧中听到过许多相关争论，譬如球迷对球队经理的决定感到痛心疾首，程度之烈，仿佛有家族世仇一般。粉丝甚至频频使用代词“我们”，仿佛他们就是团队中的一员[17]。社交媒体的出现使得名人似乎变得更容易接近，只要名人有个人账号，任何人都能关注他们，这就加剧了粉丝的认知失调，造成了一种有趣的社会现象：我们对这些在平常生活中本无机会接触的人产生了亲近感。社交媒体的相对开放性也造成了一些问题。一些人认为他们与自己的关注对象十分熟悉，这和那些疯狂缠扰名人、认为自己与被跟踪者共同生活的人无甚区别。

一位名叫卡尔·奎因（Karl Quinn）的澳大利亚记者指出，有些人会用社交媒体发送一些十分残忍的信息，并将其传递下去：“许多人其实不能确定，自己究竟认为名人是有血有肉的真实人类，还是只是方便人们群起而攻之的人形瓷像[18]。”问题在于，受害者一旦出现，大部分人都会比我们想象中更愿意成为加害者。此外，由于社交网站的极化作用的存在，当我们受到煽动或自觉有对他人评头论足的需要时，态度与观点就会自然而然地朝极端的方向发展。观点扭曲、缺乏反思时间与感知距离的仓促交流及匿名性质，这三者结合起来，让社交网站成为表现失常的绝佳平台。

这里就涉及一个与线上线下自我的差异有关的重要问题：

如果我们在网络上的表现与在现实中不同，而自我又是真实存在的话，那么，究竟哪一个才是真实的自我？我们是否能划清思维与行为之间的界线？如果我们的行为是虚拟且匿名的，这是否意味着它并不能完全代表真实的自我？

也许有人会说，现实生活中的社会规则与服从压力很强大，因此线下活动无法反映我们的真实态度和思维。但如果只有在网络上那种缺乏反馈与社会排斥的情况下才能进行表达，这样的“真实自我”又该被归于何类呢？当认为自我能够脱离环境与他人的影响独立存在时，我们需要谨记，这样的自我只是一种幻象。或许还有人会说，其实自我只有一个，只是随情境的不同而有不同的行为罢了，然而这正是自我幻象的核心。我们受环境与他人的影响比想象中的深远得多。正如那些认为自己能够控制饮酒量的酗酒者，自我幻象让他们不能看清他们到底是在何种程度上受到外部影响的支配，而这些影响则是我们自身无法控制的。

不过，我可以肯定地说，你们一定想知道更多在海伦·米伦关注我之后发生的事吧。她是什么样的人？她在早餐时吃什么？很遗憾，我用自我重要感欺骗了自己。当我查看她的主页时，我发现她只有 216 个关注者，很显然，这个“海伦·米伦”是假的。社交网站上存在这样一类用户，他们发布具有攻击性的信息，或是假冒他人，以搅乱网站的正常秩序为乐。这个假账号正是如此。

我甚至不知道海伦·米伦是否真的在使用 Twitter，但如果她用的话，她的关注者一定成千上万。那个清晨的某一刻，当我以为她关注了我时，我的心漏掉了一拍，仿佛重回青春年少。那也许能极大地提升自尊，但知名如海伦·米伦，又为什么会在我这样的迂腐学究身上花费时间呢？不过话说回来，即使身为名人，她有时也可能会对凡夫俗子的尘世生活产生兴趣。归根结底，她也是人。

像博格人一样交流

一些评论家为社交网站的快速发展表示担忧，并预测它会造成人类文明的崩坏。我们已经听说过许多类似的末日预言，其内容就是对包括书本、广播和电视在内的大众传播媒介的谴责。担忧之一是，因为在社会化的关键期失去了在现实生活中与人交往的基本能力，青少年的大脑正在我们的纵容下被永久损毁[19]。随着大脑额叶神经通路的可塑性降低，他们无法获得由现实社交活动刺激生成的足够的注意力广度，于是被永远锁在了正常社会化的门外，在成年后也无法拥有正常心智。总体而言，社交网站和在线活动取代了正常的社交环境。更需要警惕的是，有证据显示儿童孤独症的发病率上升可能与网络的普及有关。

然而，这类观点的科学依据十分贫乏。首先，可以说网络实际上对那些社交困难的人有所裨益[20]。其次，网络在幼儿发展早期阶段作用有限，所能取代的正常社交活动很少。很少有幼儿能在 1 岁之前上网。正如发展神经心理学家多萝西·毕夏普（Dorothy Bishop）所指出的那样，上网导致孤独症的说法是十分荒谬的，幼儿在入学并使用电脑前的发育状态普遍良好，而患有孤独症的儿童通常在两岁左右就会被诊断出来，而不会在童年中期突然发病[21]。谈到社会化，人类大脑所具备的适应性与机智程度之高，足以令人瞠目结舌。只要有社交活动的存在，无论数量多少，人们便大可不必担心大脑会发生退化。人类社交的方式说来固化，但在实践中却灵活丰富得不可思议。是的，现在的孩子或许不会像他们的父辈一样，在现实的社交活动中学习礼仪言行，但他们能创造出属于自己的在线上线下交流的方式。举个例子来说，孩子们在发短信时会广泛使用字母缩写，比如 LOL（“放声大笑”）、OMG（“我的天啊”）、SNM（“别再说了”）、BRB（“马上回来”）、GTG（“我得走了”）和 ROFL（“笑得在地上打滚”）。这是一种以最佳方式表达习语的高效策略，并非由父辈发明，而是形成于自下而上的流行风潮。网络上的许多习惯也是如此。孩子们将会以自己的方式长大，一切都会平安无事。

事实上，还有人认为，网络这种新兴的大众传播媒介不仅不会威胁到人类未来的心理发展，还能让我们回到印刷、广播与电视出现之前的旧时代。提出这项反知觉观点的是来自 TED 机构的琼·科恩（June Cohen），她是预见这场新社会革命的天才先知之一[22]。她认为，在人类文明发展的大部分时间里，大众媒介是存在于交换新闻、故事、神话、笑话、教育与艺术的人们中间的，这种口头的双向交流甚至能被追溯到进化早期。直到距今数百年前，具备阅读能力的人尚占少数。之后，书本、广播与电视等大众媒介纷纷出现。如果人类历史被压缩为 24 小时，那么这些媒介直到最后 2 分钟才会问世。它们与过去的乡村八卦有不同的传播模式，后者是双向交流，而前者则是单向的。正如科恩所说：“电视吸引了遍布全球的观众，却在这个发展过程中毁掉了过去的生活方式。”

在这之后，蒂姆·伯纳斯·李（Tim Berners-Lee）发明了万维网，给人们提供了一种全新的社交体验。如果人类历史被压缩为 24 小时，这个新传播媒介在最后数秒才姗姗来迟。它比之前的媒介都更为民主化、分散化，互动性也更强。科恩认为，凭借网络，我们又能与彼此进行交流了，不过这一次，交流半径再也不会局限于地域的物理尺寸与实际位置。

这一观点或许是对的，但还有一些劝诫，我们必须铭记在心。现在我们的确又能进行双向交往了，但网络与过去的环境已经有很大的区别。我们不会因为使用网络而心智发育迟滞，建构自我知觉的方式却的的确确受到了影响。这是因为网络正在改变我们的生活方式。变化的不仅仅是可得信息的数量、种类或是经商、娱乐的方式，还有在社会交往中的行为表现。毕竟，用电脑与他人互动并不自然。换一种方式说，以电话为例，电话本身或是通过它进行的交谈并不能重塑人类发展进程，真正造成差异的是，电话赋予了人们与整个群体同时进行交流的能力，这才是问题所在。

在人类历史上，我们尚是第一次能与地球上的任何人进行即时通信，并传递海量信息。

从印刷术到电话，再到计算机，每一项新发明都被视为人类技术进步的里程碑，但万维网的出现对人类文明的深远影响却超越了上述发明。现在，我们能够与任何人交流，并对人类集体智慧的结晶加以利用。许多人都对计算机和软件能够实现的功能惊叹不已。例如，新式可程控微波炉的技术含量就已经胜过了登月。摩尔定律告诉我们，计算机的性能大概每两年就能提升 1 倍。我之所以总是在换电脑这件事上采取拖延策略，就是因为从该定律考虑，我总认为功能更强大的机型即将面世，目前尚可再稍做等待。根据摩尔定律，我们最终将会面临技术瓶颈，需要依靠一种全新的计算机技术才能将其打破。然而，万维网却不在定律的支配对象之列，并无此局限。因为从根本上看，它就是一个共享人类所创造的知识与理念的媒介。

每一个平凡的人类大脑都比现有的最尖端的计算机功能强大。以网络加以串联，我们就能利用上百万人的集体智慧，对网络上的材料进行重重审核。2005 年，世界上最具名望的科学杂志《自然》宣称，全部由网络用户义务编纂的在线百科全书“维基百科”（Wikipedia）的准确率能与《不列颠百科全书》（*Encyclopaedia Britannica*）相匹敌。《不列颠百科全书》最早出版于 18 世纪末，是由被聘请的相关领域专家团队编纂的多卷集传统纸质百科全书。而网络用户则是自愿免费贡献自己的知识储备。如今，维基百科已经由社会捐款进行资助。

不妨设想一下由过多的选择导致的分析与决策困难，这类问题在网络上基本能迎刃而解。你可曾忽略商品的历史评价而进行网购？你可曾选择购买在排行榜上排名并不靠前的商品？我想，这样的经历应该并不多见吧。

无论是选择一本书、观看一部电影、入住一家酒店或是购买一台微波炉，我们往往会忽略专家的建议，而更注重其他用户的反馈。

因为我们认为这些人并未收受商家的好处，因此不会说谎，在反馈中比专家更加诚实。在网络上，到处都有人在邀请我们给出自己的观点，正如古罗马斗兽场中的观众受邀以手势决定角斗士的生死一样。根据之前提到的尼尔森公司在 2010 年的调查报告，多达 1/5 的网络用户经常对电影、书籍、电视节目、音乐、服务以及消费型产品提供反馈意见。大量用户的集体经验产生了具有高度一致性的舆论，影响着我们的决策。当然，做出决定的人是你自己，但决策的基础却是他人的想法。

由踩踏事件可以看出，因为存在从众的成分，蜂群思维并不是完美无缺的，好在网络能有效降低盲从的负面影响。当能在网络上保持匿名时，诚实与异议都能受到保护。诚然，总有一些人尝试用虚假的推荐与批评颠覆这种秩序，但时间总能沉淀泥沙，令江河万古不废。前几年，学术界就发生了一场极其轰动的罗生门事件：著名的英国历史学家奥兰多·菲吉斯（Orlando Figes）被控以匿名书评者“历史学家”的假身份在亚马逊网站上大肆抨击同行作品。

菲吉斯声称会对该指控采取法律措施，最后却尴尬地发现，这其实是他的妻子所为，其目的是打压丈夫的竞争对手[23]。不过，一些人倒是会把她称为“贤内助”。

既然能带来如此多的益处，网络的发展自然势不可当。毋庸置疑的是，在今后的几年中，随着网络平台对社交能力的提升，上网的容易度、效率、速度与容量都会得到进一步完善。未来的某一天，我们甚至有可能通过具有生物兼容性的平台融入网络本身，但对人类文明最具重要性的根本变革其实在于，来自西方国家的我们现在已经能与所有的个体彼此关联。我们从集体智慧中受益，成了人形“博格”，“博格”是《星际迷航》中一个虚构的宇宙种族，成员之间通过某种复杂的子空间通信网络相互连接，从生理上完全剥夺了个体的自由意识，严格奉行集体意识。但我们并非“博格人”，而是独立自主的个人，至少我们自己是这样认为的。

挖掘数据之山

万维网进行曲听来有破竹之势，但与此同时，它还包含了一个严重的问题。自然选择告诉我们，规模的增加会降低效率。就网络而言，它的规模正在变得过于庞大，也就是说，尾大不掉。在互联网领域处于全球领先地位的思科公司（Cisco Systems）曾计算过万维网上究竟生成并储存了多少数据。思科首席未来畅想家，即公司未来发展战略的制定者戴夫·埃文斯（Dave Evans）这样说道：“在 2009 年，人类就生成了比过去 5 000 年加起来还要多的数据[24]。”有这样惊人的数字，即使说它代表了一整部人类历史亦不为过。简言之，信息数量太大了，所以难以进行加工处理。然而，其中大部分都是无用的垃圾信息，譬如八卦和煽动性消息。社交媒体领域的专家丹雅·博伊德（danah boyd，出于某些原因，博伊德拒绝将自己的姓名首字母大写）这样评论道："如果不多加小心，我们将会在互联网领域发展出精神上的肥胖症，发现自己在不停地消化一些对个人和社会都毫无益处的信息[25]。"网络上的大部分内容都可以被称作信息化的垃圾食品，因此，有一些搜索引擎会使用精妙的模型化算法对相关信息加以过滤。每当我们搜索信息时，搜索引擎会分析那些被查找类似信息的人查看过的网页，并按照相关程度对其进行排序。这个过程利用了群体的力量以形成搜索结果，无疑是十分美妙的。在挖掘数据这座不可逾越的高山时，我们可以应用来自他人的集体知识，将无关的部分过滤去除。

过滤无关内容的问题在于，它会剔除一部分信息。每次上网时，搜索引擎都会记录我们的动向，以及我们提供了哪些关于自己的信息。机器并无恶意，绝非是监视或控制我们的行为，只是在试图呈现相关性最高的信息。然而，埃利·帕雷瑟（Eli Pariser）却认为，这是一个十分严重的问题。在《过滤泡沫》（*The Filter Bubble*）一书中，他详细阐释了为什么搜索引擎具有潜在危险性[26]。

他还提到这种个性化记录如何让检索到的信息失真走样。例如，埃利和他的朋友几乎都支持左派，但他为了拓宽视野也会在 Facebook 上关注一些右派人士的账号。可不久之后他便注意到，因为这些账号与他的交际圈关联性不高，Facebook 就将它们所发布的信息自动过滤掉了。过滤软件将他密封进了一个气泡，与异见彻底隔离开来，这就是所谓的"过滤泡沫"。

物以类聚效应：互联网中的极化现象

认为我们能和网络上的每一个人产生联系并拓宽视野的观点是错误的。软件在搜索过程中必须使用过滤器，以去除数据山中的冗余信息，在这个过程中，它展现给我们的结果只是它认为我们想看到的。但是，我们不能将这一切怪到软件的头上，因为在现实生活中，我们也会对注意的对象进行过滤。我们倾向于加入拥有相同理念的社交网络，结交与我们最为相似、在价值观与主张上与我们见解相合、能在交流中互惠共赢的人。我们习惯于与他们一起读相同的报纸、看相同的电视节目，连业余爱好也很接近。这样的同质相吸原则或许能增强团队的凝聚力，但与此同时，也将我们与那些持不同价值观的群体隔离开来。换言之，这会助长极化作用。比方说，一项对全球变暖的态度的调查显示，在共和党人中，相信地球正在变暖的人的比例在 2001 年为 49%，在 2010 年则跌至 29%；对于民主党人来说，比例则由 60% 上涨到了 70%[27]。两党的观点非常不同，仿佛是生活在不同的星球上。

也许有人会认为，万维网应该抵制这种同质性倾向，让我们听见更多不同的声音，以开阔眼界。社交媒体的确以鼓励陌生人关注彼此的方式做过这样的努力。如果你的关注者对所看到的内容抱有看法，他们能在一个公开的平台上发表评论，或以提到你①的方式与你进行交流。通过这样的方式，你能知道是否有人在注意着你。此外，用户还能转发自己喜欢的由关注对象发送的状态或链接，将这些信息的影响力从发布者本身扩大到其他的陌生用户中去。这就像是在对别人大声呼喊："大家注意了，快看这个人在说什么！"如果发布的是重磅消息，它就能在"朋友圈"内极快传开，速度远迅于传统渠道。也就是以这样的方式，Twitter 用户在 2011 年 5 月全程"目睹"了美军击毙本·拉登的秘密行动：住在本·拉登居所附近的苏哈比·阿塔尔（Sohaib Athar）在无意间直播了袭击的整个过程。他后来在 Twitter 上这样说道："哇哦，现在我已经是无意中直播过猎杀本·拉登行动的人了。"在这次袭击之前，苏哈比只有

---

① 即俗称的"@ 你"。——译者注

750 个关注者，而关注者的数目在之后增加至 9 万人。时至今日，用户已经可以通过手机客户端登录社交网站，而不必一直坐在电脑前。难怪短小精悍的 Twitter 信息让博客和网页都显得如此冗长无趣，它简直就是社交网站中的霹雳可卡因（crack cocaine）[①] 啊。

尽管通过社交媒体认识陌生人很容易，群体还是在不可避免地同质化，人们更有可能关注那些与自己有着相同年龄、种族、教育背景和性格的人，而对持不同意见的人则会取消关注。曾有一项研究调查了超过 10 万名 Twitter 用户，这些用户在 6 个月内总共发布了上亿条信息。从内容的积极性与消极性的角度出发，研究者分析了他们发布的信息 [28]。积极性高的信息有类似“没有什么比痛痛快快地洗一次澡，再修面剪发来得更棒了”“我真爱它”或“感谢你的关注，我也会关注你的账号，我认识的人都挺棒的”，而消极性高的信息则为“她根本不值得我为她哭，但无论如何，我还是哭了”和“我生病了，病情让我的脸变得如此憔悴，我爆发了”之类。当研究者分析群体的社交网络时，他们发现一个群体通常具有相同的性格特征，这种聚类效应如图 8-1 所示，性格积极向上的用户倾向于与另一些积极的用户建立联系，而拥有消极性格的用户也会认识更多的倒霉鬼。这就像是一场在 Twitter 用户中蔓延的情绪性传染病，它与前文提到过的镜像神经系统有类似之处，不过这一次，“镜像”的过程是完全在虚拟空间中发生的。不言而喻，聚类效应会推动极化作用。一项对在 2010 年美国国会中期选举期间发布的 25 万条 Twitter 信息的分析显示，左右派人士转发的信息都严守本政党路线，坚决杜绝内容来自对方阵营 [29]。

① 一种常见的高纯度可卡因毒品，因在制作时会发出爆裂的噼啪声而得名。——译者注

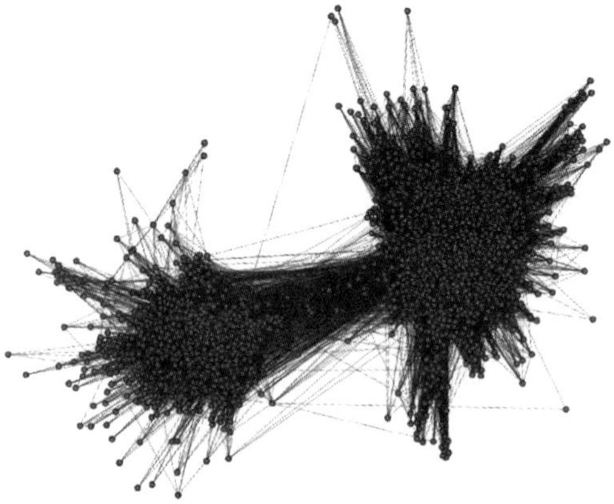

图 8-1　对 Twitter 信息的分析揭示了显著的聚类效应

摘自博伦（Bollen）等人在 2011 年的研究，已获得版权许可。

而且，有进化后的大脑机制这一大绊脚石作梗，与上千用户进行交流在理论上可行，但现实中却无法实现。研究者在分析了 170 万名 Twitter 用户在约 6 个月内发布的信息后获得了重要的发现[30]。随着关注者数量的增长，基于注意力的节省机制，用户与单个关注者互动的能力逐渐下降。我们只能与数目有限的人进行有意义的交流，时间与精力的有限性决定了我们无法对每一个人做出回应。

事实证明，在社交网站中，能维持长期关系的关注者数目的峰值在 100~200 人。

巧合的是，每一位 Facebook 用户平均拥有 130 个朋友。这个数字看起来是否有些眼熟？这是当然，因为它与邓巴的计算结果不谋而合了，这是我们在第 1 章中提到的理论，邓巴用脑皮层面积与群体规模的比率推测出人类最适宜的群体规模上限为 150 人。由此可见，这个数字对我们在社交网站这一虚拟世界中的活动的预测精准度之高，并不逊于它对现实世界的推测。

群体性孤独

人们认为，技术能将我们从尘俗事务中解放出来，让我们更加快乐。20 世纪的广告总是充斥着这样的预示：到了下一个纪元，这个世界将会高度自动化，人们随处都能寻找到即时的满足感。计算机在 20 世纪 60 年代问世，并于 20 世纪八九十年代在西方国家得到普及，在此过程中，我们被告知将会凭借它获得更多的自由，以打发闲暇时间、进行娱乐活动，并能将更多的时间花在与亲友相处上。如今，计算机的确使许多事情变得简单了，但说起来有些荒谬的是，太多人将时间都倾注在电子屏幕前，而无暇与身边人进行交流。我的同事西蒙·巴伦 - 科恩（Simon Baron-Cohen）是一位孤独症领域的专家，他曾计算过，自己平均每天要回复 50 封电子邮件，每年在这上面会花费超过 1 000 个小时的时间 [31]。而我的在线时间比他更长。虽然我每天不会收到这么多的电子邮件，但我仍然每天都泡在网上，甚至已经记不得上一次一整天都远离网络是在什么时候了。即使是在度假和旅行中，我也会保持在线。

在做研究和备课之外，我一直都在使用社交媒体与人们保持联系，比如发电子邮件，写博客，使用 Twitter、Skype、LinkedIn 和 Facebook 等。通过使用台式电脑、笔记本电脑、苹果平板电脑和智能手机，我能随时随地保持在线。即使是在用电视收看某些重大事件的报道时，我也会登录各种社交网站账号，以便能在收看之余时时了解其他人的看法。据我自己的估计，我的在线时间从早上 7 点起一直延续到半夜，至少占了我清醒时间的一半，远远超出 1 年 3 000 小时的水平，以任何一类人的标准来看，都是过长了。我知道这不太正常，也许也不利于健康，但还是比不上我处于青春期的女儿们的在线时间。西方人已经越来越沉迷于在线活动。一部分人呼吁，对网络的过度依赖应该同其他类型的成瘾一样，被视作病症，虽然精神病学家并不认为这构成一种明确的障碍。

我的网瘾始于 2009 年，那时，在我的第一本书的出版商的要求下，我开始上网，并使用各种社交网站。最开始，出版商要求我撰写博客。在那时，我认为写博客是一种自我放纵的行为，但还是同意为了宣传我的书做一个尝试。在最初的不情愿之后，我竟然很快迷上了它，开始乐于接受此渠道中的各种反馈。读者能对我的每篇博文进行评论，而作为博客的管理者，我能看到访客的名字和数量。仅仅为了一些看不见的读者发博客是不够的，我还需要从他们身上获得这样一种证明：我的努力和观点都是受人欣赏的。而这能通过所谓的“访问量”，即人们访问我的博客的次数体现出来。因为网络加快了交流的速度，这一性质让读者反馈的强度得到了增加。对科研论文的同行评审与批评家对出版物所做的评论总是耗时漫长且不可预测，而社交网络则具有这两者不具备的优点，即创造出一种由读者反馈而生的即时满足感。如果公众以激增的访问量与正面评论对我们的作品做出了积极的反馈，我们的努力就会受到肯定，并因此感到心满意足。

从条件反射行为的相关实验中，我们能获知这种满足感的来源。关于条件反射，它最早是由俄国生理学家伊凡·巴甫洛夫（Ivan Pavlov）在 19 世纪 90 年代发现的。巴甫洛夫观察到狗在进食前会分泌唾液，并认为这是因为它们已经学会了预估进食时间[32]。在这之后，他又在给狗提供食物的同时启动蜂鸣器而不是外界通常传说的摇铃铛，使得狗最终只需听到蜂鸣器的声音就会分泌唾液。也就是说，狗已经学会了把声音与食物联系在一起。这是一项十分重大的发现。实验者能用奖励对狗进行训练，或是让它们习得条件反射，以此改变狗的行为，使它们对外界的一系列刺激做出反应。这一发现迅速催生了一个全新的心理学流派，也就是行为主义。行为主义发源于美国，代表人物有 J.B. 华生（J.B.Watson）和 B.F. 斯金纳（B.F.Skinner），他们宣称，任何一种复杂的行为都可以用奖励和惩罚进行塑造[33]。而到了今日，我们则了解到，强化行为的其实不是奖励，而是对奖励的期望，正是它带来了满足感。

因为在我们的大脑深处靠近脑干的位置，有一个奖励系统。该系统由 15 000~20 000 个多巴胺能神经元组成，通过由这些细胞发出的神经纤维与其他脑区相连。大脑中包含着数以亿计的神经元，而该系统包含的神经元数量虽然少，却是掌控人类行为的极其关键的“快乐中枢”，这着实奇妙。这些神经元给予了我们预测与期待奖惩的能力[34]。一旦没有了它们，我们就会陷入无法进行决策、行为失常的悲惨境地。当条件反射实验中的动物被试学习到通过按压杠杆或啄动圆盘就能获得奖励这一规律时，它们的大脑就会释放多巴胺，正是这种神经递质而非实际的奖励强化了相应的行为。我们之所以能知道不是真实奖励的作用，是因为在已有的实验中，即使没有任何的食物奖励，在快乐中枢被植入电极的大鼠也会持续进行自我刺激，直到因饥饿而死[35]。而当顽固性癫痫患者在手术中于同一脑区被植入电极后，他们也报告说获得了快感。从赌博到性，在许多使人成瘾的行为中，让我们获得强烈满足感①的都是由期望带来的兴奋。

此外，强化行为的最佳方式其实是偶尔为之的奖励，也称作间歇性强化。大脑总是在试图找出环境中的各种规律，而由于所能获取的信息与反馈通常是不完全的，大脑会允许这种不连续性的存在。当我们发现某些行为可能会带来

① “满足感”的对应原文为 buzz，buzz 作名词时有“蜂鸣声”和“愉快的强烈情感”两种意思，在此是双关语。——译者注

积极奖励时，我们会将其重复进行，试图重获快感。若奖励只是间歇性出现，我们进行重复尝试的时间就会更长。这也就是赌博背后的强化原理。为了获得间歇性的奖励，随着赌博的进行，我们在上面花的时间和金钱会越来越多[36]。同样，只需要让人偶尔赢回本金，老虎机就能吸引游戏者一直玩下去，并付出越来越多的钱。正是多巴胺引发的期望才让这些行为如此持久。

条件反射的这一原理同样能解释在线活动的行为规律。为避免错过某些重要的或有趣的事的发生，我们“不得不”时时查看邮箱，或从在线群体中寻求肯定。

每一次登录邮箱或博客时，我的行为都与斯金纳的条件反射实验中的大鼠如出一辙。最开始，我的博客的动态少得可怜，但随着时间的推移，访问量开始渐渐增长。在一个月之内，我已经开始每天查看博客动态，在访问量剧增或收到正面评论时欣喜若狂，在访问量增长缓慢或收到差评时沮丧不已。其实前者只是偶然出现，多数时候都并无大事发生，但正是这间歇性出现的反馈让我获得了更多的鼓励。我已经对访问数字上了瘾，总是试图获得更多的点击与评论，由期望触发的激增的多巴胺水平成了医治我的最佳良药。

因此，网络具有成瘾性和危险性，特别是在沉浸式虚拟现实类的游戏中，因为这种游戏能让人在虚拟世界中耗费大量时间。在 2010 年，韩国的互联网用户在总人口中所占的比例已经跃居全球第一，在 4 600 万人中占 81%。绝大多数的韩国人在提供快速廉价的网络服务的网吧中度过了他们的在线时间，而这带来了极其严重的后果。因为将大量时间投入了网络活动，且在现实生活中缺乏锻炼，许多人患上了严重的生理疾病，如关节肿胀、肌肉疼痛等。有时，受到伤害的不仅仅是这些人本身。就在 2010 年，该国的一对男女通过网恋结为夫妻，但他们的孩子却不幸早产[37]。然而，这对夫妇却决定继续在网吧中消磨时光，并在一个在线游戏中抚养了一个虚拟婴儿。他们每天只回一次家去喂养他们那个现实中的孩子。这个婴儿由于无人照料，最终死于严重的脱水与营养不良。毫无疑问，这是一个极端的例子，缺乏照顾的不只是这个孩子，还有千千万万诞生于贫民家庭的孩子们，但这个例子毕竟表明了人类面对网络时的意志力缺失。最近，我接待了一个来自美国的高级知识分子家庭。晚餐时，在最初的寒暄结束后，所有人一哄而散，纷纷去查看电子邮箱、Facebook 账号或其他网络信息。不只是大人，连孩子们也是如此。某一刻，我从笔记本电脑的屏幕上移开视线，结果发现房间里的其他人都一言不发，沉浸在属于自己的网络世界中。曾经，我们将工作时间与家庭时间划分得很清楚，而网络却将这些界线永久地摧毁了。大部分人会始终保持在线，并热衷于这样的生活方式。就像药物成瘾一样，许多人都会在无法上网时产生戒断症状，如焦虑与易激惹等。

当马歇尔·麦克卢汉（Marshall McLuhan）提出诸如“地球村”“媒介就是信息”之类的理论时，他也预言了当今人类被科技影响并控制的方式[38]。早在20世纪60年代万维网被创造出来之前，麦克卢汉已经预言到，人们的独立性会在通信技术的影响下变得越来越低。他还认为，人们会尝试将自我延伸至他人身上，并在这样做的过程中互相造成影响与受到影响。从这个意义上来说，我们是通过通信媒介以错综复杂的方式相互关联的。无独有偶，麻省理工学院的社会学家雪莉·特克尔（Sherry Turkle）也在新书《群体性孤独》（*Alone Together*）中描述了人类的互动模式从“面对面”到“终端对终端”的变迁[39]。我们在线的时间越长，花在现实生活中的时间就越短，这就意味着我们的生活不再那么受身边人的影响，自我改由所处的媒介塑造。一些人认为这十分可怕，而另一些人则认为这能让自己从现实生活的局限中解放出来，获得自由。

我们都爱《第二人生》

如果你身材肥胖，待业在家，靠政府救济为生，毫无逃离贫困生活的希望，你会如何是好？从2003年开始，即使你在现实中穷困潦倒，也能在另一个世界里找到重新开始的机会。有一款名叫《第二人生》的虚拟世界网络游戏，在游戏中，玩家能创建出一个全新的账户，与其他用户一起过着长生不老、无忧无虑的生活，在这里的玩家能享受永远的美貌、健康与富足。

大卫·波拉德（David Pollard）和艾米·泰勒（Amy Taylor）都想逃离他们平淡无奇的生活[40]。他们都住在英国的海滨胜地纽基（Newquay），这里已经成了酗酒成瘾的青少年们的麦加圣地。每年夏天，他们都会成群结队来到这里，靠着寻欢作乐度过整个假期。这座城市终日喧嚣不宁，我能够想象，像他们两位一样住在这里，没有工作，前途毫无希望，一定是十分压抑的。事实上，他们的确想要逃离这种单调乏味的世俗生活。为此，他们玩起了《第二人生》，在这之前，两人在一间网络聊天室中结识。在游戏中，他们变成了“戴夫·巴密”（Dave Barmy）和“劳拉·斯凯”（Laura Skye），见图8-2。戴夫·巴密刚刚20岁出头，披着一头深色长发，身高193厘米，身材瘦削，是一名夜总会老板，拥有大量豪宅，对名贵西服和奢侈品有强烈的热爱。而事实上，大卫·波拉德已经40岁了，体重达160千克，肥胖且秃顶，靠救济金生活，住在一个一室的小房间里，常穿T恤和运动裤。

劳拉·斯凯的形象也具有浓厚的异域风情。她与戴夫·巴密年龄相仿，有一头深色的长发，是一位身高182厘米的苗条女郎。她住在一间大宅里，爱穿具有西部风格的紧身牛仔衬衫与靴子。而艾米本人则身材肥胖，一头红发，身高162厘米，与大卫·波拉德一样依赖政府救济金为生。现实与虚拟之间竟有天壤之别，见图8-3。

图 8-2　戴夫·巴密和劳拉·斯凯

当两人以戴夫·巴密和劳拉·斯凯的身份在网上相遇时，他们迅速坠入爱河，并在游戏中结了婚。而在现实生活中，他们也见了面，艾米随后搬去与大卫同居。两年之后，和那对韩国夫妇一样，他们也在现实中结婚了，然而事情从此开始往坏的方向发展。劳拉（艾米）怀疑戴夫（大卫）在游戏中脚踏数只船，便雇用了一位虚拟侦探追查他的行踪。有一天，她果然发现戴夫召妓。在被发现后，现实生活中的大卫向艾米赔礼道歉，求得了暂时的原谅。然而，当艾米发现丈夫在游戏中与一位名叫莫德斯蒂·麦克唐纳（Modesty McDonnell）的女性热情相拥时，让他们婚姻破碎的“最后一根稻草”还是不可挽回地落下了。莫德斯蒂在现实生活中是一名来自美国阿肯色州的 55 岁女性，名叫琳达·布林克利（Linda Brinkley），曾两度离婚。目睹这一幕后，艾米终于彻底绝望。虽然大卫在现实中并未真正出轨，艾米还是以他行为不可理喻为由提出离婚诉讼。随后不久，戴夫就在虚拟世界中向莫德斯蒂求婚了，即使这对“夫妇”在线下从未谋面。

图 8-3 现实中的戴夫·巴密和劳拉·斯凯

当人们发现有一对夫妇竟然要为了虚拟游戏中的不合理行为而离婚时，大批媒体涌入了纽基。最开始，这对夫妇拒绝接受任何采访，将所有记者拒之门外。然而，之后发生了一件奇怪的事。两名来自《西南新闻》(*South West News*）的记者百折不挠，竟想出了在《第二人生》中进行采访的主意。从远在布里斯托尔的办公室里，乔·皮克林（Jo Pickering）和保罗·阿德科克（Paul Adcock）将账号注册为著名记者“麦姬·保尔斯”(Meggy Paulse）和“贾什利·戈恩利”（Jashly Gothley），想要找到戴夫·巴密和劳拉·斯凯，并进行采访。

乔现在仍然在《西南新闻》工作。她告诉我，自己是在一个常参与在线课程的同事的启发下想到这个主意的。在游戏中，她化身麦姬·保尔斯，成功找到了劳拉·斯凯，并发现游戏中的劳拉比现实生活中的艾米要随和自信得多。最终，麦姬·保尔斯成功说服艾米暂停游戏，走下楼去打开门来，招呼那些聚集在她家门口的记者们。媒体最后终于了解了整件事的来龙去脉。

乔解释道，艾米认为游戏中的背叛比现实中的背叛更加令她难以忍受，因为她和大卫都在游戏中创造了完美无缺的自我。在现实生活中并无完人，我们常常需要忍受彼此的各种缺陷，但游戏里的所有人都被认为是毫无瑕疵的。这就是为什么一旦有人在虚拟世界中出轨，错误的出现就会如此令人伤心。正如乔所说："艾米创造了一个完美版本的自我，但就算是这样，对大卫来说，却也还是不够好。"

我又问乔接下来发生了什么。很明显，大卫·波拉德最终在线下与琳达·布林克利见面了，但就在这时，现实必定会无情惊破幻梦，毕竟贫贱夫妻百事哀，而他们甚至还远隔重洋。这个道德故事告诉我们的是，现实与虚拟之间的界线有时可能会变得非常模糊。耶鲁大学心理学系的教授保罗·布卢姆提及，曾有一位教授要求她的研究助理对网络虚拟群体进行一些研究[41]。而在研究开始之后，这位研究助理便迅速沉迷于网络。和其他那些"网虫"一样，她爱上了那个虚拟的世界，因此不愿再回到现实中来。如果终日沉迷网络是一种不可抗拒的冲动，它的确会让人对人类未来的发展走向有些担忧。一个人不能同时身处两地，因此不能同时存在于线上和线下的两个世界中，在这样的情况下，有一些东西自然需要让位。两个世界都在争夺时间这一有限资源，而究竟该何去何从，实难轻易定夺。

线上行为也会走偏

某些当权者热衷于在风险情境中追求性满足，为此不惜突破下限，而互联网的出现则让这样的侵犯行为变得易如反掌。2011 年，美国国会前议员安东尼·韦纳（Anthony Weiner）因丑闻曝光，不得不引咎辞职，原因是他在Twitter上向自己关注的女性用户发送下体照片[42]。这件丑闻被人们称为“韦纳门”（Weinergate），韦纳大约也因此成了世界上最糟糕的姓氏之一。这其实只是知名男性在网上向女性发送裸照事件的其中一例。在过去，某些男性常在公共场合暴露生殖器官，以获得性满足，而随着社交网站的风靡，这种行为由线下迁移至线上，并且变得更加普遍。

一些人认为，网络的一大用途便是性。一项2008年的调查以超过1 280名青少年（13~20岁）和年轻成人（20~26岁）为对象，发现前者的1/5和后者的1/3曾在网络上发送过自己的裸照或半裸照[43]。据一个交友网站估测，其用户中有接近一半人的婚姻状态为已婚，这些人的注册目的要么是寻找新情人，要么是想要与人调情[44]。也许最著名的相关事件中的人物之一便是美国陆军上校卡塞姆·萨利赫（Kassem Saleh），他在网络上同时追求着50多位女性，并向她们其中的一部分求婚，尽管他早已经结婚了。

发送色情信息是一种相对较新的现象，即利用互联网技术参与远程性活动。来自纽约的心理学家苏珊·利普金斯（Susan Lipkins）从一项对13~72岁的人群的调查结果中发现，有2/3的人曾发送过包含明显色情内容的信息，其中以处于青少年晚期至成人早期者为最多。有趣的是，在超过27岁的调查对象中，这种行为还与独断性、支配性、侵略性等与权力相关的个人特质有关。权力在27岁以下的群体中不是影响色情信息发送行为的主要因素，但在中老年人中却是[45]。互联网传播的便捷高速及与现实的隔离性都导致了这类下流行为的升级。比起现实生活，网络受社会规范的约束更小，也因此很容易让人陷入行为不端的泥淖，在匿名制与远距离的盾牌背后，做出许多在平时无意为之的事来。

当涉及现实与虚拟、道德与不道德行为之间的界线时，最能直接揭示它们的模糊性的大概便是小丑邦格先生的故事了。邦格先生是一个网络形象，居住在一个名叫黏巴达社区（LambdaMOO）的地方。黏巴达社区创建于 20 世纪 90 年代初，是世界上最早的虚拟社区之一，在这里，玩家能创造并操控各种虚拟人物形象，而邦格先生是其中十分不受欢迎的那一类。在某一个夜晚，他犯下了一桩臭名昭著的罪行：他在一栋虚拟大厦的房间里使用子例程①控制了同社区的一些同伴，让他们做出种种变态性行为[46]。

当然，邦格先生的形象只存在于用户的脑中，他在现实中其实根本就不存在。如果在互联网发展早期登录黏巴达社区，你其实只会进入一个属于硅谷施乐公司（Xerox Corporation）的数据库，正是这个数据库为用户提供了滚动出现的社区场景描述文字，环境、物体与所有的人物形象则都由子例程控制。与当今那些应用先进技术设计的虚拟社区，如《第二人生》和《魔兽世界》这类 3D 游戏相比，黏巴达社区着实太寒碜了。但无论客观条件如何，想象力都能让人很容易就建构出逼真的图像。

邦格先生是由一个远在纽约大学的年轻黑客创造的，他成功侵入了系统，并让其执行一项子例程，以便向其他用户发送各种文字信息。当晚，几位在线的女性用户收到了发自该子例程的信息，文字里描述的是她们的账号如何向下身插入各种器物以获得性快感，而邦格先生这个施虐狂围观了这些场景，大笑连连。整个侵犯都是以滚动文字的形式进行的，它同样是虚拟的，只存在于当事人的想象中。

被侵犯的用户包括一位账户名为“莱格巴”（Legba）的来自美国西雅图的

① 电脑编程中执行某项任务的代码的一部分，为一系列反复进行某操作的指令。——译者注

女性，她随后在黏巴达社区的聊天板上公开了自己曾遭受的暴行，并呼吁将邦格先生阉割。几个月之后，她告诉第一个报道此事的记者，当她在写下那些话的时候，“创伤后的泪水止不住地向下流着”。很显然，这对于莱格巴来说并不仅仅是一次虚拟事件，作为受害者，她不能不将它往心里去。这次性侵犯因此跨越了真实与虚拟的界线，已经影响到了当事人在现实生活中的情绪。

有人说，文字并不能真正伤害到人，但从自我幻象的角度出发，来自他人的言语有时可能会非常重要。邦格先生事件暴露了诸多关于同一性、自我以及它们在虚拟社区中的角色等问题，本事件中发生的一切都只存在于文字之中，不过是网虫们操作键盘的结果，自始至终都不存在任何身体接触。但它为什么会引发愤怒呢？为什么当事人会感到沮丧难过？显而易见，人们并没有进行自我催眠，让自己相信事件真实发生过，但在心理层面上，他们还是觉得自己受到了侵犯，一切已经超出了角色扮演的范围。这种愤怒的情绪是真实存在的。虚拟社区是现实的替代物，前文已经提到，仅仅通过简单的电脑模拟，社会排斥与遭到排斥的痛苦就能频频产生。这是因为，虚拟社区激发了我们内心根深蒂固的对人际交往的渴望。

那么，真实的自我在这些在线社区与虚拟世界的案例中到底处于怎样的地位？大多数人都认为我们不是伪君子或两面派，并乐于相信自己具有正直的品行。如果自我是一个连续统一的整体，那么就可以做出这样的推测：人们在网络中的行为应当与线下并无二致。然而，事实似乎并非如此。人们的行为模式其实取决于具体情境，网络亦在其列。你的线上行为模式在线下很有可能是不能被接受的，反之亦然。在网上，你需要表现得直率、可爱并乐于分享，而这也就意味着，你更可能轻易告诉别人你对他们的真实看法，或者轻率地同陌生人调情。总而言之，这样的行为模式在现实生活中很有可能会招来麻烦。

有时候，我们在网络上表现得就像另一个人一样，这甚至会让我们自己都感到惊讶。也许这就是人们如此热衷于上网的原因，在那里，我们能做另一个自己，甚至是做别人，或许这个“别人”还是我们想要成为的人。最起码，我们在网络上遇到的某些人在现实中是遇不到的。对另一个不同身份的追求或许会让老一辈的人感到无比困惑，但我们这一辈人需要了解，这种利用科技逃避现实的需求是如何成为人类心理发展进程中不可或缺的一部分。网络最终会将这个星球上的每一个人都吞进它的巨阵，因此，提前考虑它对下一代可能造成的影响和改变显然很重要。我们不太可能真的成为博格人，但在线上自我与线下自我之间来回切换，目前来说已经成了家常便饭。从这个意义上来说，核心自我这一概念在多大程度上是作为一种幻象而存在的，网络十分清晰地解释了这个问题。

摆脱幻象，成为独一无二的自己

20 多年前，当我还在攻读博士学位时，我研究的是婴儿的视觉发展。那时，我十分关注他们怎样移动自己的眼睛。虽然尚不能说话，但他们的眼睛却是通往大脑的窗户，注视的位置与时长能够反映他们的注意对象。在这样的决策过程中，自我起了怎样的作用？仔细想想，我们基本上都是在无意识中完成这个过程的，但以下问题还是值得我们思考的：是谁负责移动我们的眼睛？是谁做了这个决定？新生儿也会用自我支配这个过程吗？在研究婴儿，有时甚至是仅仅出生数分钟的新生儿时，我从来没有真正问过这样的问题，我更关心的始终是他们的注视对象。

对我来说，这一事实似乎是显而易见的：婴儿注视的是他们能够看得最清楚的物体，而物体的清晰与否是由外部环境决定的。我认为他们的大脑中不存在能决定注视对象的预设模型，在生命最初的时候，驱动视觉系统并争夺大脑中眼动系统的注意的，是那些已经存在于客观环境中的具有可视性的物体。而这个过程不需要自我来支配。新生儿并不就注视对象进行决策，他们的大脑系统自出生起便已经具备从外部世界中搜寻信息与进行相关记录的能力。正是早年对婴儿心智的研究拓展了我的视野，让我开始关注自我幻象。

随着大脑的发展，越来越多关于外部世界的复杂模型逐渐被建立起来了，以便对将要发生的事件的地点与内容进行预测。在将这些模型应用于理解现实与预测未来时，我们的灵活性也日渐增长。20 年前，我认识到发展是由内部机制与外部环境信息共同作用的，这一基本规则也适用于整个神经系统，从简单的眼动到复杂的思想与行为，莫不如是。自我正是这些神经活动的产物，这就是它之所以是幻象的原因。自我不是在我们两三岁时的某一天突然出现在大脑中的，而是由大量的人类活动与人际交往逐渐塑造而成。自我是心智的产物，而心智则是大脑与其他大脑共同生成的产物。当大脑发展时，自我也会得到发展；反之，当大脑功能衰退时，自我也一定会退化。

我们究竟为什么进化出了自我幻象？就像大脑产生的其他所有幻象一样，自我幻象的存在是有意义的。想一想我们平时常用来代指自己的词语“我”，它提供了一个聚焦点，能将我们所有的经历即时并永久地串在一起。在被用一种有意义的叙事方式编织在一起之前，经历只是一个又一个支离破碎的片段，自我的重要性便在此彰显。如果没有一个固定的聚焦点，在大脑中并行的大量加工程序便需要进行单个处理，而我们对这种极其庞大的运算量显然是束手无策的。幸运的是，自我能够提纲挈领，将所有无意识活动的加工结果关联在一起。有时，若是对这些结果的内容加以慎查，我们就能够更进一步地钻研其细节，但在大多数时候，它们都隐藏在意识背后。

自我幻象依赖于存储在大脑中的信息而生成，这些信息就是我们在理解外部世界时建构的记忆。引导我们进行理解的，既有进行信息搜索的机制，也有我们身边那些帮助我们了解到世界的意义所在的人。如此，身边的人其实是在不断地改变着我们。作为未成年阶段在生命总长度中所占比例最高的种族，人类儿童为此进化出了较强的社交能力，大脑加工的内容也大部分都是与社交相关的信息。如果在发展早期缺乏与他人的互动，即使智力水平保持正常，儿童也可能会永久丧失社交能力。由此可见，早期成长阶段为我们后来的人生培养出了宝贵的人际交往能力，正是在社交过程中，我们逐渐成功地建立起了同一性与自我知觉。

我们并没有进化出将所有的他人都进行批量处理的能力，而是将他们视作单独的个体。比起直面由过去历史、潜在日程、未竟纷争、秘密动机等各类信息组成的复杂集合，处理单独个体无疑更加快速、经济且有效，能够尽可能地优化人际交往过程。最佳的佐证便是，我们的爱与恨都是针对某些特定个体的，而不是针对一个集体。我们并不能因为觉得自己能将道德对个体自我的种种影响都看透，便认为这些伦理准则微不足道、可以抛弃。惩罚与表扬都是被直接给予某个个人，而非那些塑造了他的自我的他人的。那些不相信自我能左右命运的人的幸福程度与满意度都比较低，而能悦纳自我幻象的人则过着事事满足、目标明确的生活。

为什么看透幻象是一件如此困难的事呢？答案也许与本书中提到的各种镜像有关。不妨回想一下之前提到的那些例子：

- 在镜子里认出自己的婴儿和动物；
- 无法辨认出镜中自我的脑损伤病人；
- 模仿他人的镜像行为；

- 能让个体感受到他人的痛苦的镜反射触觉联觉症；
- 能直接映射他人心智的镜像神经元；
- 在房间内有镜子的时候停止偷窃与作弊行为；
- 戴着镜面墨镜虐待犯人的狱卒；
- 为获得自我肯定而照镜子。

镜子中到底包含了什么对自我的概念如此重要的东西？当我们揽镜自照时，所看见的是自己的外表，但我们相信，那只是自我的外在表征而已，在内部的精神世界里，还存在更多与自我有关的东西。这是我们感知到并知晓的内容。因为他人不能接触到我们的内在自我，他们永远无法了解到真实的我们实际是何等模样。然而，这些都是我们自己的看法，如果它错了呢？如果我们只是一个由他人占主导地位的外部环境创造出来的镜中自我，其实仅仅是他人的倒影，情况又会如何？

回想一下，自出生起至今，以下这些人或事对你造成的不同影响：父母双亲、教育背景、兴趣爱好、婚恋情况、配偶子女、工作与同事、政治观点等。他们在你的生命中留下了深刻的印记。我们正是用前言中那个不存在的正方形，或是图 9-1 中不存在的白色圆圈那样的方式建构自我的。

你只是因生命中那些帮助你塑造自我的人和事而存在的，你的生存模式由他们决定。如果将其全部剥离，你最终将无法再继续存在。这并不意味着纯粹的“你”是不存在的，而是说，是环境中的人和事，比如记忆与经历建立起了你的自我知觉，成就了一个独一无二的你。但我们看到的问题在于，这些记忆不是一直都那么可靠，因此建立在此之上的自我也并不如想象中那样精准如一。相反，自我始终在随着环境的变化而变化。我们总是这样乐于顺应他人，如果将生活比作一场芭蕾舞，那么在这场持续进行并不断变化的舞蹈中，我们会顺应各种情况，出演各种角色。

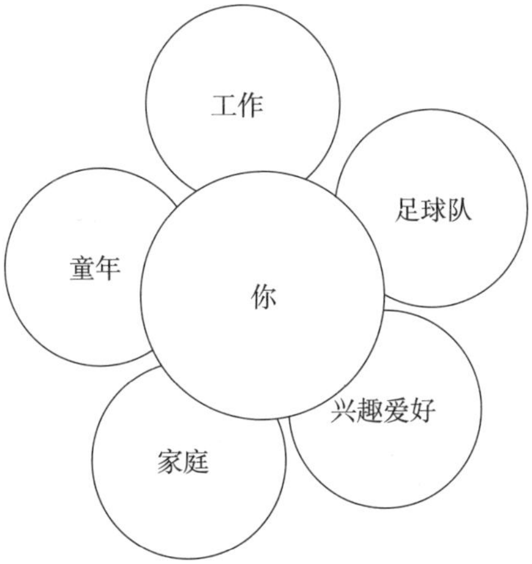

图 9-1　自我幻象是外部环境影响的产物

这张图片同时也能表明真实与幻象的基本性质。“你”的存在也许只是一个幻象，然而大脑正是用这些幻象来重构整个世界的。在处理与提取信息时，大脑会在过去经历的基础上努力组织、解释并填充遗失的部分。从图 9-1 中我们可以发现，相关神经元通路的工作结果就是让人相信那个不存在的白色圆圈是真实的，这也就是你认为自己看见了它的原因。在此过程中，大脑对图片的结构加以考量并最终做出决定，唯一能解释外圈每一个圆都非完整的理由是中间其实存在一个白色的圆，这个圆把其他的圆都遮挡住了一部分。换言之，大脑臆造了白色圆圈的存在，并通过刺激神经元通路来产生这一效果。这或许只是一种幻象，但大脑却认为它是真实的。这并没有什么好令人惊叹的，这只是通过基础的神经生理学知识，模拟了追求整体性的脑结构对秩序的偏好以及臆造可能解释的过程。

如此一来，你为什么就不能发现，自我其实只是一个被反射的倒影呢？这一看法与大脑生成的叙事方式有所冲突。但实际上，许多被认为反映了真实自我的思想与行为都不具备这种能力。我们以为自己有充分的选择自由，但在许多时候，决定却是缺乏审慎仓促而下，甚至极大程度上受人影响。我们十分依赖社会的接纳，所以乐意服从群体的意志。因为我们与创造了自我知觉的大脑是一体的，所以我们不能站在局外人的角度来看待这个隐秘的过程。

在这里，我需要举出最后一个与镜子有关的事例，通过它或许你能够了解到自己其实对大脑的工作过程毫无觉察。

跟我一起做

请现在面对一面镜子，仔细观察你的左眼，在一段时间后再观察你的右眼。你有没有在这个过程中发现什么奇怪的事？如果你将目光的焦点从左眼向右眼转移，随后再转回左眼，你其实看不见自己的眼球移动过程。你的眼睛在动，而你却完全看不见。

但若是让别人来做这件事，你就能很容易地在他们自己毫无觉察的情况下发现他们的眼动了。这是因为大脑蓄意去除了我们在移动眼球时的视觉体验。被抹去的部分占据的时间为平均每日两小时，你或许会感到十分惊讶，就算时间如此之长，你也完全不会发现任何蛛丝马迹。

大脑有许多种方法来隐藏真实的信息加工过程，这只是其中之一。我们以为看见的世界是稳定的，但它实际上却是在我们移动视线时建构起来的，因此有千千万万种版本。除非高度集中注意力，否则我们很难意识到大脑会在加工过程中改变客观存在，因为我们假定世界稳定不变，而这其实只是一个幻象。自我亦如是，我们意识不到它的潜在形成过程，还以为它是前后连贯的。你无法发现自我的改变是多么容易，因此便无法发现自己其实是身边人的镜像倒影，除非这被直接指出，或是我们意识到周围环境发生了变化。

冒着过度延伸的风险，我们可以在这里做一个假设：假设我们在眼球移动时仍然具备视力，我们就会因为发现环境变得不稳定而对此心生厌恶，甚至患上晕动症。随着视觉输入信息不停地刺激感光的神经元，世界将变得模糊不清，过多的信息成了一件坏事。为了避免这种情况发生，大脑会使用各种机制保护我们免受环境真实情况的影响。也许这就是我们无法发觉那些建构自我的认知幻象并非真实存在的原因了：

> **认知失调让我们免于用过去的失败反复折磨自己，正面错觉让我们始终充满斗志，自由意志让我们得到表扬或承受批评，判断决策让我们误以为能控制事态发展……没有这些认知幻象，我们将会被控制我们的潜在机制与加工过程的复杂性所压倒，无法再继续正常生活。归根结底，这是一件好事。**

自我幻象在未来会怎样发展呢？因为毕竟是进化产物，它不太可能会消失，但很可能会产生变化。目前，世界总人口大约为 70 亿，而根据联合国的统计，下一代人可能需要面对一个完全不同的世界：大部分人都会居住在超大城市中，每一个城市的居民至少有 1 000 万，每平方公里至少居住 2 000 人。凭借迅猛发展的互联网技术，人们彼此之间能够进行更便捷的交流，而即将投入应用的即时语言翻译技术将会摧毁另一道阻碍交流的高墙。这些发展会让我们的生活完全不同于居住在塞伦盖蒂草原的人的生活。我们能够想象出它们对个体自我的巨大影响，而在那个地球变得更加拥挤的未来，我们将会需要一个更加强大的自我。

THE SELF ILLUSION

致谢

这是一本很难写的书，原因如下：首先，这本书涉猎的领域非常广泛，且历史悠久，可以一直追溯到人类对自我的第一次审视与反思。想必我的这本书会惹恼一些读者，因为我无法完全涵盖并感谢所有在这个领域发表过言论的大师，也无法周全地介绍每一种思潮和每一个观点。遗漏之处请读者海涵。如果真写一本面面俱到的书，我想读者也是看不进去的，并且我也是写不出来的。我力图整合海量观点，以简明的文风展示给读者，使之易于理解。我精选素材的一条准则就是，按照认知神经科学的专业知识来梳理内容。

其次，写这本书时，最难的就是我需要强迫自己面对“自我的幻象”，撕破伪装，直面我的一生。这些时刻让我看到了自己的懦弱、虚伪、不安以及缺失的正直、正派。那些被自我的幻象隐藏得很好的阴暗面都被暴露出来了。对于习惯被自我幻象蒙着眼睛的人，这本书估计很难下咽。但是，我仍然认为人们有必要时常审视一下自己，拷问一下自己的心灵，这才是活着的意义。

我非常感谢那些懂我并帮助我写这本书的人。我要尤其感谢我的代理罗伯特·柯比（Robert Kirby），不仅要感谢他的专业意见，更要感谢他在我最怀疑自己的时候给予我支持。我还要感谢我的美国代理佐伊·帕格纳门塔（Zoe Pagnamenta）协助我完成了这么难的一个任务。我的英国编辑安德烈亚斯·坎波马尔（Andreas Campomar）激发了我写这本书的初心，并且一如既往地给予了我充满热情的支持。我希望这本书没有搞砸。牛津大学出版社美国分部的琼·博塞特（Joan Bossert）给了我一些很好的启发，哈珀柯林斯出版社加拿大分部的吉姆·吉福德（Jim Gifford）负责地指出了我的一些顽皮观点的危险。我还要感谢看了我的初稿并提出诚恳意见的各位朋友、同事和学生。按照姓氏字母顺序，他们分别是萨拉·贝克（Sara Baker）、苏珊·布莱克莫尔、保罗·布卢姆、凯·唐纳利（Kay Donnelly）、蒂欧贝斯塔·特斯发·恩德里亚（Teobesta Tesfa Endrias）、伊恩·吉尔克里斯特（Iain Gilchrist）、娜塔莉娅·戈索（Nathalia Gjersoe）、庄司板仓、莫妮卡·詹森（Monica Jenson）、克里斯汀·勒加雷（Cristine Legare）、凯特·朗斯塔夫（Kate Longstaffe）、乔治·纽曼（George Newman）和阿诺·冯·瓦斯特（Arnoud Van Voost）。

最后，我还要感谢这 3 年来支持我研究的基金会，包括英国经济与社会研究理事会（ESRC）、利华休姆信托基金（Leverhulme Trust）、比亚尔基金会（Bial foundation）以及佩罗特 - 华威基金（Perrott-Warwick Fund）。

这本书是献给我的妻子金的，感谢她接受了这个不完美的我。没有她，我可能早就完蛋了。

THE SELF
ILLUSION

译者后记

法国印象派画家保罗·高更有一幅绝世之作：《人生三问》。他用浓烈的色彩描绘了位于太平洋上的法属大溪地岛上的原住民的生活。从画卷右端啼哭的婴儿，到黄金分割处画面最明显的摘苹果的青年，再到画卷左端迟暮的老人。这幅画问了三个问题：我们从哪里来，我们是谁，我们又到哪里去？对应着从右至左的画面，各色人物以及背后的画面深处的神灵都在渲染着人生舞台的形形色色。

“三问”中的核心问题就是：我们是谁？我到底是不是一个真实的存在？虽然我们能够从镜中看到自己，从耳中听到自己，左手可以摸到右手，从别人的嘴里听到对自己的评价，甚至在安静的时候可以听到自己的心跳，这个问题仍旧困扰着我们，我们每天对于自身的体验是如此熟悉，而脑科学研究却指出，这种对自我的感觉只是幻象。说它是“幻象”并不意味着它不存在，它只是不像看起来那样。我们都能真切体会到自我的某种形态，但这些体会只是大脑从自我利益出发而创造的假象。作为一位资深的神经科学家，布鲁斯·胡德教授把我们熟悉的“自我”放到了手术台上，并结合大量脑科学研究的最新发现，给我们用逻辑和数据上了一堂生动的解剖课。当感觉、知觉、思维以及自我意识被层层剥开之后，我们再次审视自己，就会发现它不是一个个单独的部分，而是感觉、知觉、思维相互堆积捆绑的整体。就像英国哲学家大卫·休谟总结的，自我是在这些捆绑在一起的体验中浮现出来的。

如果自我是我们思维和行为的总和，那么最难以否认的事实就是，它们都依赖于大脑。思维和行为也不是大脑的全部，因为我们经常对世间的事物进行思考并做出肢体反应，大脑则主要负责协调这些活动。胡德教授名正言顺地把《自我的本质》这本书的主角位置分配给了大脑，并从生物学、发展心理学、社会心理学等角度让主角登台献艺，给读者呈现了大脑与自我的双簧表演，并且最过瘾的是从台前幕后为大家揭示背后的原理。当大家都熟悉了“大脑”与“自我”这两位演员的时候，胡德教授又抛出了一个问题：如果我们的大脑中的“自我”好似一个小矮人在指挥着我们的一切行动，那么这个小矮人的“自我”又是谁呢？这个小矮人的“自我”的“自我”又是谁呢？这个俄罗斯套娃问题引出了本书的另一个主要发现：大脑中没有构成自我的中心。我们可以思考广袤的宇宙空间，欣赏凡·高的油画和贝多芬的交响乐……大脑通过自我的伪装做出这些事情，但是自我意识中大部分的经历是无法从其中某一个区域中找到的。不如说它是从大脑不同加工过程的协作中浮现的，像是一首自我的交响乐。

本书也让我们看到了一个不断变换的自我。在不同的情境下，我们似乎在扮演着不同的角色，比如工作的自我、居家的自我、父母前的自我、政治的自我、顽固的自我、情绪化的自我、性的自我、创造型的自我，甚至暴力的自我，等等。他们像是几乎不同的个体，但是很明显，他们共享一个身体。大家不要对此感到苦恼和意外，因为不存在一个自我或者是多个自我，而是外部世界将我们从一种性格转换到了另一种性格。实际上，我们都是情境的反映，我们是作为周遭事物的映射而存在的，我们都是镜中人。

此外，书中关于自我的精彩故事还可以帮助你了解生活中你经历过的在思想和言行上的不一致。我们比较容易注意到他人被操控，却很少注意自己其实也同样在被其他人影响以及被我们的环境操控。本书恰好帮我们解锁了社会的影响力密码。

以铜为镜，可以正衣冠；以古为镜，可以知兴替；以人为镜，可以明得失；以此书为镜，可以辨真幻。

感谢湛庐文化引进本书，希望读者在读完之后，还会继续想读这一系列的其他书籍，也希望读者通过此书对自己的“人生三问”有更客观的解读。感谢袁婧雅同学、沈雨瞳同学参与了本书的前期翻译工作，感谢湛庐编辑对本书的耐心和支持。翻译不当的地方，请读者来信指出，我们会及时更正。

钱静

2019 年 7 月于清华园

THE SELF ILLUSION

注释和参考文献

考虑到环保的因素，也为了节省纸张、降低图书定价，本书编辑制作了电子版的注释和参考文献。请扫描下方二维码，下载“湛庐阅读”App，搜索“自我的本质”，即可获取注释和参考文献。

未来，属于终身学习者

我这辈子遇到的聪明人（来自各行各业的聪明人）没有不每天阅读的——没有，一个都没有。巴菲特读书之多，我读书之多，可能会让你感到吃惊。孩子们都笑话我。他们觉得我是一本长了两条腿的书。

——查理·芒格

互联网改变了信息连接的方式；指数型技术在迅速颠覆着现有的商业世界；人工智能已经开始抢占人类的工作岗位……

未来，到底需要什么样的人才？

改变命运唯一的策略是你要变成终身学习者。未来世界将不再需要单一的技能型人才，而是需要具备完善的知识结构、极强逻辑思考力和高感知力的复合型人才。优秀的人往往通过阅读建立足够强大的抽象思维能力，获得异于众人的思考和整合能力。未来，将属于终身学习者！而阅读必定和终身学习形影不离。

很多人读书，追求的是干货，寻求的是立刻行之有效的解决方案。其实这是一种留在舒适区的阅读方法。在这个充满不确定性的年代，答案不会简单地出现在书里，因为生活根本就没有标准确切的答案，你也不能期望过去的经验能解决未来的问题。

而真正的阅读，应该在书中与智者同行思考，借他们的视角看到世界的多元性，提出比答案更重要的好问题，在不确定的时代中领先起跑。

湛庐阅读 App：与最聪明的人共同进化

有人常常把成本支出的焦点放在书价上，把读完一本书当作阅读的终结。其实不然。

时间是读者付出的最大阅读成本

怎么读是读者面临的最大阅读障碍

“读书破万卷”不仅仅在“万”，更重要的是在“破”！

现在，我们构建了全新的“湛庐阅读”App。它将成为你“破万卷”的新居所。在这里：

- 不用考虑读什么，你可以便捷找到纸书、电子书、有声书和各种声音产品；
- 你可以学会怎么读，你将发现集泛读、通读、精读于一体的阅读解决方案；
- 你会与作者、译者、专家、推荐人和阅读教练相遇，他们是优质思想的发源地；
- 你会与优秀的读者和终身学习者为伍，他们对阅读和学习有着持久的热情和源源不绝的内驱力。

下载湛庐阅读 App，
坚持亲自阅读，
有声书、电子书、阅读服务，
一站获得。

湛庐阅读 App

思想者的声音图书馆

倡导亲自阅读

不逐高效，提倡大家亲自阅读，通过独立思考领悟一本书的妙趣，把思想变为己有。

阅读体验一站满足

不只是提供纸质书、电子书、有声书，更为读者打造了满足泛读、通读、精读需求的全方位阅读服务产品 —— 讲书、课程、精读班等。

以阅读之名汇聪明人之力

第一类是作者，他们是思想的发源地；第二类是译者、专家、推荐人和教练，他们是思想的代言人和诠释者；第三类是读者和学习者，他们对阅读和学习有着持久的热情和源源不绝的内驱力。

CHEERS

以一本书为核心

遇见书里书外，更大的世界

有声书

随时随地，有温度、
有感情地听本书

纸质书

湛庐纸书一站购买
还有读者专享福利

精 读

2~4周，带你读完、
读懂、读透一本好书

电子书

最新最全的湛庐电子书
随时随地亲自阅读

讲 书

30分钟
大咖给你讲本书
让你挑书不费劲

延伸阅读

编辑精心制作的内容拓展
测试、视频、注释、参考文献
只为优化你的体验

课 程

权威专家带你快速浏览
一个领域的知识概貌

专 题

主题式阅读书单
让你与更多好书相遇

浙江省版权局
著作权合同登记章
图字:11–2019–337号

图书在版编目（CIP）数据

自我的本质 /（英）布鲁斯·胡德著；
钱静译．— 杭州：浙江人民出版社，2020.2（2022.7重印）
书名原文：The Self Illusion: How the Social
Brain Creates Identity?
ISBN 978–7–213–09628–0

Ⅰ．①自… Ⅱ．①布… ②钱… Ⅲ．①自我意识—研
究 Ⅳ．① B844

中国版本图书馆 CIP 数据核字（2019）第 295619 号

上架指导：心理学 / 通俗读物

自我的本质
［英］布鲁斯·胡德　著
钱静　译

出版发行：浙江人民出版社（杭州体育场路 347 号　邮编　310006）
市场部电话：（0571）85061682　85176516
集团网址：浙江出版联合集团　http://www.zjcb.com
责任编辑：方　程
责任校对：朱　妍
印　　刷：河北鹏润印刷有限公司
开　　本：710mm × 965mm 1/16　　印　　张：19
字　　数：256 千字　　插　　页：1
版　　次：2020 年 2 月第 1 版　　印　　次：2022 年 7 月第 2 次印刷
书　　号：ISBN 978–7–213–09628–0
定　　价：79.90 元
